과학의 결정적 순간들

과학의 결정적 순간들

그날 이후 세계는 어제와 같지 않았다

옮긴이 이두갑 이상욱

바다출판사

인간적인, 너무나 인간적인 과학자들
그리고 그들이 만든 세계의 변화

어린 시절 '위인전'을 많이 읽었습니다. 젊은 독자들에게는 '위인전'이라는 단어가 왠지 고풍스러운 느낌을 주는 낯선 단어일수 있습니다. 글자 그대로 풀이하자면 뛰어난 인물의 생애를 서술한 책이라는 뜻입니다. 위인전에 등장하는 사람들의 특징은하나같이 단점이 하나도 없고 어린 시절부터 뚜렷하게 다른 사람과 구별되는 '떡잎부터 다른' 사람이었다는 것입니다. 뉴턴 같은 과학자는 어린 시절부터 천재적이었고, 김구 같은 정치가는어린 시절부터 정의감에 차 있었으며, 나폴레옹 같은 군인은 어린 시절부터 용맹했고 의지도 강했습니다. 아마도 위인전의 기획자는 이런 위대한 인물의 이야기가 자라나는 어린이에게 귀감이 되기를 의도했을 것 같습니다. 하지만 저를 포함한 절대다수의 어린이는 뉴턴만큼 천재적이지도, 김구만큼 정의롭지도, 나폴레옹만큼 용맹하지도 못했기에 그저 위인들은 우리와 급이 다른

5

사람이구나 하는 '영웅' 서사에 다소 체념적으로 익숙해지기만 했던 것 같습니다.

그 이후 조금 더 나이가 들어 위인들에 대한 '비판적 평가'를 소위 '평전'의 형태로 읽게 되면서 위인들도 사람이라는 사실, 즉 분명히 위대한 업적을 성취하긴 했지만 완벽한 인간이라기보다 스스로 부단히 노력해서 보완해야 하는 단점이 있는, 그런 '인간적인 면모'를 가진 사람들이라는 사실을 알게 되었습니다. 이런 깨달음이 위인들의 지위를 바라보는 저의 시각을 절대로 도달할 수 없는 초인의 경지에서 좀 더 현실적인 생활인으로 조정해 주었습니다. 아울러 억지로 사실까지 왜곡해서 그들의 위대함을 포장하지 않더라도 보다 실감 나는 방식으로, 즉 엄청난 노력과 운의 결합으로 그 위대한 성취가 가능했다는 점, 그리고 그러한 일을 해내는 것은 여전히 탁월한 성취라는 점을 깨닫게 해 주었습니다.

과학의 역사에 뚜렷한 족적을 남긴 과학자들은 분명히 뛰어난 능력을 갖춘 사람들이었습니다. 하지만 앞서 이야기한 위인전의 교훈과 같은 취지에서 이들의 성취는 태어날 때부터 가지고 있던 초인적 능력에 기인한 것은 아니었습니다. 대부분의 경우 후대 과학에 끼친 영향력이 남달랐던 과학자의 성취는 자신의 뛰어난 능력을 끊임없이 연마하고 자신에게 주어진 기회를 잘 활용했던 재치 덕분에 가능했던 결과였습니다. 당연히 운이나 좋은 기회도 중요한 역할을 했습니다. 하지만 운만 억세게 좋아서 과학사에 길이 남을 업적을 쌓은 과학자를 찾는 일은 거의 불가능하다는 것도 분명합니다.

더욱 중요한 점은 이들이 연마한 '능력'이 흔히 IQ로 측정되는 '머리 좋음'만을 의미하지 않았다는 결정적 사실입니다. 과학 연구 과정에서 '머리 좋음'보다 더 결정적인 능력은, 서로 다른 영역의 여러 지식을 함께 묶어 내어 그 사이의 숨은 연관성을 포착해 내고 이를 보다 일반적인 규칙으로 설명해 내는 통찰력이었습니다. 그리고 협동 작업이 강조되는 현대 과학으로 올수록 동료 과학자와의 협업 능력이나 소통 능력, 필요한 도움을 다양한 곳에서 효율적으로 끌어낼 수 있는 자원 동원 능력이 매우 중요했습니다. 바로 그것들이 과학의 결정적 순간들을 만든 핵심적 요인이었습니다. 이런 인간적인 요소들이 우리가 보는 세계를 바꾸었다는 것은 어찌 보면 경이로운 순간이기도 합니다.

이 책은 필자가 2018년 고등과학원의 웹진 〈호라이즌〉의 편집위원으로서 기획해 연재한 글을 묶어 수정, 보완하여 출판하는 것입니다. 저는 이 글을 통해 앞서 지적한 것처럼 위대한 과학자들의 위대함에 지극히 인간적인 면모가 있다는 점, 그리고 그들의 노력이 과학자 개인의 천재성의 결과라기보다는 그들이 활동했던 사회문화적 배경과 선후배 및 동료 과학자들과의 상호 작용을 통해 가능했다는 점을 구체적인 사례를 통해 보여 주고 싶었습니다.

여기에 더해 특정 과학자의 '인생'을 위인전처럼 펼쳐 보여 주기보다는 과학의 역사에서 획기적인 전환점이 되었다고 평가되는 '결정적 순간'을 잡아내어 그 시점을 중심으로 과학자의 업적과 삶을 소개하는 방식을 택했습니다. 이런 방식으로 서술하면 독자들이 글의 내용에 더 잘 몰입할 수 있을 것이라 예상했고, 다행히 〈호라이즌〉 독자들의 반응도 좋았던 것 같습니다. 이 책에는 우리 익히 아는 과학자의 드러나지 않은 뒷모습, 우리가 잘 몰랐던 과학자의 좌절과 분투가 담겨 있습니다. 그리고 왜 그동안 이런 이야기들이 잘 알려지지 않았는지도 설명합니다.

이제 이 책을 통해 더 많은 독자가 너무나 인간적인 과학자들의 위대함, 그들이 우연치 않게 혹은 필연적으로 만든 세계의 변화를 위인전의 방식이 아니라 리얼 드라마 방식으로 추체험할 수 있기를 기대합니다. 그리고 이러한 추체험을 통해 우리 사회에서 점점 더 중요해지는 과학의 특징과 과학 연구의 본질에 대해 보다 정확하고 깊게 이해하기를 기원합니다.

박민아 교수님은 이 책에서 2장, 3장, 4장, 6장, 7장, 8장, 9장, 10장, 12장, 13장, 15장, 16장, 21장을, 이두갑 교수님은 11장, 18장, 19장, 20장, 22장, 23장을, 필자는 1장, 5장, 14장, 17장을 썼고 함께 읽었습니다. '과학의 결정적 순간들' 기획 의도에 공감해 주시고 좋은 글을 써 주신 박민아 교수님과 이두갑 교수님께 감사드립니다. 〈호라이즌〉 연재 글을 수정 및 보완된 형태로 출판할 수 있게 허락해 주신 고등과학원에도 감사드립니다. 마지막으로 훌륭한 편집을 통해 이 책이 나올 수 있게 애써 주신 권오현 편집자님께도 감사드립니다.

2025년 3월 17일
저자들을 대표하여 이상욱 씀

차례

1장

갈릴레오의
절반만 성공한 대화

1632년 피렌체

1632년 2월 22일 토스카나 대공 페르디난도 2세에게 근대 과학의 아버지 갈릴레오 갈릴레이Galileo Galilei가 회심의 역작,《대화》를 헌정한다. 이 책은 과학사적으로 태양 중심적 코페르니쿠스 천문학을 적극적으로 옹호하고 그 이론의 난점을 해결하려고 노력한 책으로 유명하다. 또한 훗날 갈릴레오가 종교재판을 받게 된 원인이 된 책으로도 널리 알려져 있다.

이 책의 원제는《두 주요 세계 체계에 대한 대화Dialogue Concerning Two Chief World Systems》이다.[1] 이 제목은 프톨레마이오스 천문 체계와 코페르니쿠스 천문 체계의 장단점에 대해 토론하는 책의 내용을 잘 요약한다. 그런데 책을 출판하기 전, 당시 규칙에 따라 교회 검열을 받기 위해 갈릴레오가 교회 당국에 제출한 출판 원고의 제목은《바다의 간만에 대한 대화Dialogue on the Ebb and Flow of the Sea》였다. 검열 당국은 이 제목을 거부했는데 그 이유는

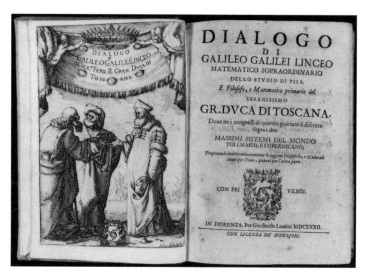

그림 1.1《두 주요 세계 체계에 대한 대화》초판 표지.

이 제목으로 책이 출간되면 지구가 움직인다는 갈릴레오 주장의 근거로 조수간만 현상이 제시되는 것을 교회가 허가했다는 인상을 줄 수 있기 때문이었다.

결국 1632년에 출간될 당시 책의 제목은 간단하게《대화》로 정해졌다. 그런데 이 책은 메디치가의 후원을 받았다는 사실이 저자 소개에서 부각되었다. 즉 갈릴레오가 '메디치 궁정 수학자이자 자연철학자인 갈릴레오'로 소개된 것이다. 우리에게 갈릴레오는 너무나 당연하게 물리학자이다. 하지만 당시에 갈릴레오는 '궁정 수학자 겸 자연철학자'라는 다소 복잡한 학자적 정체성을 갖고 있었다. 이후에 보겠지만 이런 이중적 정체성은 갈릴레오의 학술적 주장의 인식론적 지위에 영향을 미쳤다.

이렇듯《대화》는 출간 당시부터 교회 당국과의 오랜 교섭을 통해 내용과 전달 방식을 협의했으며 당시 바티칸 교황과 정치적 경쟁 관계였던 메디치가의 상징적 후원을 배경으로 출판되었다. 그렇다면 출간 전에 이미 교회 검열을 통과한 책이 어떻게 이후에 종교재판의 원인이 되었을까? 이를 이해하기 위해서는 갈릴레오의 삶과 과학 연구가 어떻게 진행되어 왔는지 살펴보아야 한다.[2]

갈릴레오, 영민한 야심가

갈릴레오는 흔히 근대 과학의 선구자로 알려져 있지만 실은 근대 과학 형성기의 과도기적 인물의 특징 또한 보여 준다. 갈릴레오가 사망한 직후 출생한 아이작 뉴턴이 완성한 근대 과학혁명은 갈릴레오가 열렬하게 '옹호'했던 코페르니쿠스주의를 갈릴레오가 열렬하게 '반대'했던 케플러의 타원궤도와 결합한 다음 보편중력을 상정하여 이를 통합적 이론 체계로 만든 것이었다. 갈릴레오는 보편중력처럼 과감한 '가설'을 제시하지는 못했지만 뉴턴 운동 법칙의 기초가 되는 운동학kinematics을 체계적으로 탐구함으로써 근대 역학의 기초를 놓는 데 크게 기여했다. 그럼에도 갈릴레오가 옹호했던 관성 개념은 뉴턴 이후로 우리에게 익숙한 직선 관성이 아니라 고대의 세계관에 더 부합하는 원 관성, 즉 원운동을 하는 물체는 자연적으로 그 운동을 계속하는 경향을 갖는다는 것이었다.[3]

갈릴레오는 의학을 공부하길 원했던 아버지의 권유를 뿌리치

고 피사대학에서 천체의 운행을 계산하는 응용수학자로 교육을
받은 후 1589년에 피사대학의 수학 교수가 되었다. 그 후 아버지
가 사망하면서 집안의 가계를 떠맡게 된 갈릴레오는 동생들의 교
육과 결혼을 지원하고, (법적으로 사생아인) 자기 자식들을 부양하
기 위해 대학 교수보다 보수가 좋고 안정적인 직장을 찾았다. 갈
릴레오는 어려서부터 재주가 많아서 젊은 시절에는 탁월한 문장
력과 수사학적 기교로 북부 이탈리아 지역에서 '똑똑한 젊은이'
로 이름을 날렸다. 결국 갈릴레오는 자신의 과학적 재능과 수사
학적 재능을 결합하여 사회적, 재정적으로 자신을 후원해 줄 사
람을 찾아 나선다.

갈릴레오는 우선 베네치아 원로회에 접근하여 자신이 스스로
만든 망원경을 '첨단 무기'로 제시하면서 후원을 받으려 했다. 늘
바다에서 오는 침입에 대비해야 했던 베네치아에서 육안으로는
결코 확인할 수 없는, 먼 거리에서 다가오는 배가 적인지 아닌지
를 알려줄 수 있는 망원경은 분명히 매력적인 신기술이었다. 하
지만 갈릴레오가 지나치게 높은 금액을 요구하면서 협상은 쉽게
타결되지 않았고, 그러는 사이 다른 곳에서 만들어진 망원경이
베네치아 시장에서 팔리게 되었다. 결국 베네치아 원로회는 갈릴
레오가 원했던 높은 보수와 안정된 지위보다 훨씬 못한 계약 조
건을 제시했고 이에 실망한 갈릴레오는 다른 후원자를 찾아보기
시작했다.

피렌체 공국의 새로운 군주 코지모 2세가 바로 그 후원자였다.
그는 마침 갈릴레오가 파두아대학 재직 시절 가정교사로 수학을
가르쳤던 학생이기도 했다. 사실 갈릴레오는 코지모 2세가 아주

어린아이였을 때 메디치가에 편지를 써서 자신이 장차 피렌체의 막강한 권력자로 클 사람의 교육을 맡겠다고 자청하기까지 했다. 코지모 2세는 자신의 옛 스승인 갈릴레오를 잊지 않았고, 갈릴레오가 1610년 망원경으로 목성의 위성을 관측하면서 이런 유리한 조건을 활용할 수 있는 기회가 찾아왔다. 이 위성에 '메디치의 별'이라는 이름을 붙인 갈릴레오는 위성에 대한 관찰 결과를 담은 책《별의 전령Sidereus Nuncius》을 출판하고 이를 토스카나 대공이 된 코지모 2세에게 헌정했다.[4] 이에 대해 메디치가는 갈릴레오를 '대공의 수학자 겸 자연철학자'로 임명하고 1000 스쿠디라는, 당시로서는 파격적인 연봉을 지급하는 것으로 화답했다.

갈릴레오는 메디치가와 자신의 계약 조건을 두고 오랜 기간 교섭을 벌였다. 이때 연봉만큼이나 중요했던 조건은 '공식 직함'이었다. 당시 이탈리아에서 수학자란 우주 현상을 수학적으로 정확하게 '기술'하는 일만 할 수 있었다. 천문학자 역시 응용수학자로서 천체의 운행을 수학 모형으로 정확하게 계산하는 일만 할 수 있었지, 그 현상 배후의 '진정한 원인'에 대해서 논할 인식론적 자격을 갖지는 못했다. 이런 '진정한 원인'에 대한 논의는 수학자보다 학술적 지위가 높았던 자연철학자만이 할 수 있었다. 갈릴레오는 메디치가로부터 자신이 파두아대학 수학 교수로서는 가질 수 없었던 지위, 즉 자연철학자로서 우주 만물의 현상의 배후에 대해 논할 지위를 부여받기를 원했다.

하지만 다른 한편으로는 그런 자연철학적 논의를 구체적인 현상, 예를 들어 자신이 망원경으로 직접 관측한 현상에 대한 수학적 분석에 기반하여 수행하기를 원했다. 요즘 표현으로 하자면 갈릴레오가 원했던 것은 자연 현상에 대한 관측과 이론을 통합적으로 수행하는 것이었다. 갈릴레오는 메디치가의 후원을 얻으면서 비로소 수학자인 동시에 자연철학자로의 복잡한 인식론적 지위를 성취한 것이다.

새로운 지위에서 연구에 몰두할 수 있게 된 갈릴레오는 다음 해 로마를 방문하여 직접 설치한 망원경을 사용해 목성의 위성을 비롯한 자신의 천문학적 발견을 널리 알렸다. 중요한 점은 이 당시부터 갈릴레오의 과학 연구를 지지하는 교회 성직자와 유력한 귀족이 다수 있었다는 사실이다. 물론 갈릴레오가 코페르니쿠스 이론을 옹호하는 것을 불편해하는 반대파도 있었다. 하지만 종교 재판 이전까지 갈릴레오와 가톨릭 교회의 관계는 결코 나쁘지 않았고 많은 경우 밀월 관계라고 할 수 있을 정도로 좋았다.

갈릴레오는 《대화》를 출간하는 시기도 자신의 과학적 주장과 사회적 수용성을 동시에 고려하는 방식으로 조심스럽게 선택했다. 사실 갈릴레오는 《대화》에 담길 내용을 오랫동안 숙고해 왔으며 상당량의 초고를 준비해 두고 있었다. 독실한 가톨릭 신자였고 종교계에 후원자와 친구가 많았던 갈릴레오는 종교적 관용이 점점 사라지는 상황에서 모험을 할 정도로 바보가 아니었다.

하지만 평소 자신의 지적 성취에 대해 극찬을 아끼지 않던 바르베리니 추기경이 교황으로 선출되고 자신의 친구들이 교황청의 요직에 자리 잡자 갈릴레오는 지금이야말로 코페르니쿠스주의에 대한 자신의 생각을 더 공개적으로 천명해도 괜찮겠다는 판단을 하게 된다. 특히 새로 선출된 우르바노 8세는 자신에게 헌정된 갈릴레오의 《시금자The Assayer》를 무척 좋아해서 식사 때 즐겨

낭송하도록 했을 정도로 갈릴레오에게 호의적이었다. 이런 상황에서 갈릴레오는 자신의 뛰어난 과학적 성취에 다시 한번 '사회 인식론적' 도움을 결합할 절호의 기회를 보았던 것이다.

종교의 희생양이라는 신화 벗기기

《대화》는 출간 직후부터 엄청난 반향을 불러일으키면서 당시로서는 보기 드문 판매 부수를 기록했다. 하지만 동시에《대화》는 평소 갈릴레오에 대해 칼을 갈고 있던 반대파에게 공격의 기회를 제공했다. 이런 상황에서《대화》의 등장인물이자 프톨레마이오스 체계를 옹호하는 바보처럼 묘사되는 심플리치오가 우르바노 8세를 빗댄 것이라는 소문은 갈릴레오에게 치명적이었다. 결국 갈릴레오는 1633년 종교재판을 통해 이단으로 의심받을 행위를 했다는 점이 인정되어 최종적으로는 가택연금에 처해진다.

'갈릴레오 사건Galileo Affair'으로 알려진 갈릴레오의 종교재판에 대한 가장 흔한 오해는 갈릴레오가 코페르니쿠스주의를 옹호했다는 이유만으로 처벌받았다는 것이다.[5] 물론 갈릴레오가 코페르니쿠스주의를 옹호하지 않았다면 종교재판을 받지도 않았을 것이고, 재판 판결문에 코페르니쿠스주의의 옹호가 죄목으로 명시되어 있으므로 이러한 주장은 어느 정도 근거가 있다. 하지만 이 주장의 문제는 코페르니쿠스주의를 옹호한 갈릴레오는 이단 행위를 했다고 정죄당한 반면, 정작 코페르니쿠스 이론 자체가 (혹은 좀 더 정확히는 가톨릭 교회가 인정하는 코페르니쿠스 이론, 즉 수

그림 1.2 이탈리아 화가 크리스티아노 반티가 묘사한 종교 재판을 받는 갈릴레오.

학적 계산 도구로서의 코페르니쿠스 이론은) 가톨릭 교회로부터 이단
으로 정죄된 적이 없다는 점에서 실마리를 찾을 수 있다.

망원경으로 하늘을 관찰한 (교회 성직자까지 포함하여) 여러 사
람은 천상계에 대한 기존 이론과 자신들의 관찰 내용이 어긋난다
는 점을 인정했다. 그들은 코페르니쿠스 이론이 지닌 장점들 역
시 대개는 인정했다. 하지만 그들이 선뜻 동의할 수 없었던 것은
충분한 증거가 확보되기 전에 코페르니쿠스 이론의 승리를 선포
하는 일이었다. 코페르니쿠스 이론은 여러 장점에도 불구하고 튀
코 브라헤Tycho Brahe와 같은 뛰어난 관측 천문학자에 의해서 경
험적으로 반증되었다는 치명적 약점을 가지고 있었다. 가장 가까
운 별의 연주시차annual parallax조차 관찰되지 않았던 것이다. 이

에 대해 갈릴레오조차 당시 사람들에게 설득력 있는 설명을 제시할 수 없었다. 그래서 예수회 신부 학자들을 포함한 대부분의 천문학자는 프톨레마이오스 이론과 코페르니쿠스 이론 사이에서 더 결정적인 증거가 나올 때까지 합리적인 판단 중지를 취하자는 입장이었다. 그렇기에 천문학자들은 두 체계의 장점을 조합한 튀코 브라헤의 체계를 선호했다.

하지만 이는 앞서 설명한 응용수학의 영역에서나 가능한 일이었고 진정한 우주의 구조를 논하는 자연철학이나 신학의 차원에서는 용인될 수 없는 절충적 입장이었다. 즉 코페르니쿠스 이론이나 그 이론의 변형인 튀코 브라헤 이론을 천문학 계산에 사용하는 것에 대해 교회는 아무런 불만이 없었지만 증거가 확실하지 않은 상황에서 자연철학적으로 코페르니쿠스 이론이 '사실'이라고 주장하는 것은 용납할 수 없었던 것이다. 당시 로마 가톨릭 교단은 신교의 발흥과 구교 세계 내에서 스페인으로부터 교권의 위협을 느끼고 있었기에 이단의 색출과 처벌에 더욱 집중하면서 성경의 해석에 대해 엄격한 입장을 취하기 시작했다. 전통적으로 성경은 비유적으로 해석될 수 있는 것으로 여겨졌으며 성경의 어느 부분을 글자 그대로 해석할 것인지에 대해서는 뚜렷한 기준이 제시되지 않았다. 하지만 갈릴레오가 《대화》를 출간하는 시기에 로마 교황청은 여러 상황적 이유에서 더 엄격한 글자 그대로의 해석을 채택했다.

문제는 갈릴레오가 매우 적극적으로 성경을 글자 그대로가 아니라 비유적으로 해석해야 한다는 입장을 견지했다는 점이다. 갈릴레오는 실제로 성경이 '제대로' 해석되기만 한다면 자신이 옹호하는 코페르니쿠스 이론과 아무런 모순을 일으키지 않는다고 굳게 믿었다. 그래서 종교재판 이후에도 죽을 때까지 자신이 당한 부당한 대우를 종교와 과학의 대립이라는 방식이 아니라 참다운 종교인인 자신을 가톨릭 교회의 불순분자들이 모함해서 벌어진 사건으로 파악했다. 매우 사적인 기록에서조차 갈릴레오가 종교와 과학을 대립적으로 보았다는 어떤 근거도 찾아볼 수가 없다는 점이 이를 잘 보여 준다.

오히려 갈릴레오는 자신이 수학자에서 자연철학자로 인식론적 지위가 상승했던 것처럼, 자연철학자에서 신학자로 또 다른 인식론적 지위 상승을 시도한 것으로 보인다. 오직 신학자만이 성경의 '참된 해석'에 대해 논의할 인식론적 지위를 갖기 때문이다. 결국 갈릴레오는 자신이 망원경으로 관찰한 결과에 기초해 우주의 참다운 구조를 논한 것과 마찬가지로, 자신의 자연철학적 연구를 통해 성경의 참된 의미를 해명할 수 있다고 믿었던 것이다. 그리고 이 과정에서 갈릴레오는 자신의 종교적 믿음과 자연철학적 연구 사이에 별다른 긴장 관계를 인식하지 못했던 것으로 보인다. 이런 의미에서 갈릴레오는 종교에 저항한 과학자였다기보다는 종교와 과학이 양립 가능하다고 생각하는 현대의 수많은, 종교를 가진 과학자의 선배였던 셈이다.

물론 이와 같은 갈릴레오의 희망은 그가 활동하던 이탈리아의 상황에서는 용납될 수 없는 것이었다. 당연한 이야기이지만 갈릴레오는 성경의 해석에 대해 교황과 대적할 만한 지적 권위를 가질 수 없었다. 이 문제에 관한 한 토스카니 대공의 후원도 큰 도움이 되지 못했는데 당시 메디치가는 같은 피렌체 출신인 바르베리니가와 세력 다툼을 벌이던 중이었기 때문이다. 그럼에도 갈릴레오가 사안의 중대함에 비해 재판 중의 처우나 재판 결과에서 모두 비교적 관대한 처분을 받을 수 있었던 것은 그가 죽을 때까지 유지했던 메디치가의 후원 덕분이었다.

결국 갈릴레오의 진정한 죄목은 단순히 코페르니쿠스주의를 옹호한 것이 아니라 그것이 우주의 참된 구조임을, 그 사실이 성경과 모순되지 않음을, 그렇게 성경을 해석하는 것이 올바른 해석임을 주장해서였다고 할 수 있다. 이 점은 그의 판결문에서 자신의 '교만함'을 뉘우치는 대목이 자주 등장하는 것에서도 확인할 수 있다. 교황청이 자신의 지위를 넘어서는 인식론적 주장을 한다고 판단한 갈릴레오를 굴욕적 방식으로 처벌한 것은 분명히 부당했다. 하지만 갈릴레오의 종교재판은 종교와 같은 비합리적 제도에 의해 근거 없이 억압당하는 과학자의 전형적 사례라고 보기는 어렵다. 또한 몇몇 과학자가 시도하는 것처럼 과학은 사회적, 윤리적 잣대로 평가되거나 간섭을 받지 않아야만 가장 잘 발전할 수 있다는 근거로 오용되어서도 안 된다.

갈릴레오가 추구했던 코페르니쿠스주의로의 인식적 전환은 그가 매우 공을 들였기에 상당한 근거를 갖춘 것이기는 했지만 당시 상황에서는 극복하기 어려운 여러 경험적, 개념적, 인식론적 문제를 안고 있었다. 갈릴레오는 훌륭한 과학자이자 놀라운 수완가답게 자신이 활용할 수 있었던 모든 자원을 동원하여 이 전환을 성사하려고 노력했고《대화》를 통해 상당한 성공을 거두기는 했지만 결국에는 당시 널리 받아들여지고 있던 교회의 세속적, 인식적 권위에 눌릴 수밖에 없었다. 이는 부당한 일이었지만 갈릴레오가 성취하려던 인식적 전환 역시 오직 뉴턴을 통해서야 완전한 정당화가 가능했던 것이었음을 고려할 때 과학 연구가 진행되는 전형적 방식의 하나로 이해될 수 있을 것이다. 이런 의미에서 갈릴레오의 《대화》는 오직 절반만 성공한 책이었다.

2장

톰슨이 줄의 발표에
이의를 제기했을 때

1847년

1847년 6월, 옥스퍼드에서 진행된 영국과학진흥협회British Associa-
tion for Advancement of Science, BAAS 모임에서 양조업자 제임스 프레
스콧 줄James Prescott Joule은 역학적 일과 열의 등가성에 대한 발표
를 준비하고 있었다. 줄의 정교한 실험 결과는 놀라웠지만 그의
발표는 무관심 속에 끝날 뻔했다. 대학도 나오지 않은 아마추어
의 발표에 관심을 둔 사람은 그다지 많지 않아 보여서 사회자는
요약문만 짧게 발표하라고 재촉했다.

그렇게 묻힐 뻔한 줄의 발표를 열역학 발전의 결정적 순간으로
바꾼 것은 이제 막 스물세 번째 생일을 맞은 젊은이였다. "그 젊
은이가 들어와 뛰어난 관찰력으로 새 이론에 대한 관심을 활발히
끌어내지 않았다면 토론도 없던 내 발표는 별다른 논평도 없이
그냥 지나갔을 것"이라고 줄은 회고했다.[1] 줄의 발표에 생기를 불
어넣은 젊은이는 19세기 물리학의 역사에서 절대 빼놓을 수 없는

인물, 우리에게는 절대온도의 켈빈(K)으로 더 잘 알려진 바로 그 사람, 윌리엄 톰슨William Thomson이었다.

톰슨, 가장 부유한 물리학자이지만 그 업적은?

과학사를 공부하는 사람들끼리 19세기 물리학자 중 누가 가장 성공한 사람이었는지를 뽑은 적이 있다. 영국의 패러데이, 줄, 맥스웰, 프랑스의 라플라스, 푸아송, 푸리에, 독일의 옴, 클라우지우스, 키르히호프 등 물리학 교과서를 수놓은 기라성 같은 물리학자 중에서 마지막까지 남은 것은 독일의 헤르만 폰 헬름홀츠Hermann von Helmholtz와 영국의 윌리엄 톰슨이었다. 연구의 우수성, 연구 분야의 다양성, 당대 사회에서의 영향력에서 두 사람의 우열을 가리기 힘들었지만 결국 최종 승자는 윌리엄 톰슨이 되었다. 연구에서야 둘 중 누가 더 낫달 게 없었지만 부와 사회적 영향력에서 톰슨이 헬름홀츠를 앞섰다.

톰슨은 1866년 2차 대서양 전신 가설 사업을 성공으로 이끌어 부와 명성을 얻었다. 그보다 앞서 1858년 진행됐던 1차 대서양 전신 사업에서는

그림 2.1 19세기 물리학사에서 가장 중요한 인물인 윌리엄 톰슨.

아일랜드와 미국 간에 대서양을 가로지르는 긴 도선을 깔았는데, 넓은 대서양을 통과하도록 보낸 강한 전류가 도선의 어딘가를 녹여 버렸다. 몇 번 신호도 보내지 못한 도선이 무용지물이 되었고 거기에 들어간 수많은 사람의 투자금도 대서양 바닷속으로 가라 앉았다.

톰슨은 미러 갈바노미터mirror galvanometer를 개량한 정밀한 전류계를 만들어 문제를 해결했다. 톰슨의 미러 갈바노미터는 거울 뒷면에 작은 자석 네 개를 붙이고 이를 가는 명주실로 긴 코일의 중앙에 매달은 것이다. 거울에 빛을 쏘면 반사된 빛줄기가 몇 피트 떨어진 스크린의 영점에 맺힌다. 코일에 전류가 흐르면 거울에 붙은 자석은 힘을 받게 되고 이로 인해 거울도 회전하면서 스크린에 맺히는 빛의 위치가 변한다. 이렇게 긴 코일과 거울의 회전을 이용하면 전류계가 약한 전류도 민감하게 감지할 수 있다. 톰슨은 이 특허로 돈방석에 앉았다. 2차 대서양 전신 사업도 성공해 기사 작위를 받았다. 이후 톰슨은 남작에 서훈되어 후대 사람들에게 켈빈 경Lord Kelvin으로 기억되었다. 19세기 가장 성공한 물리학자로 손색이 없다.

그런데 막상 톰슨의 업적을 이야기하려고 하면 조금 난감하다. 뉴턴은 만유인력, 패러데이는 전자기 유도, 맥스웰은 맥스웰 법칙, 헬름홀츠는 에너지 보존 법칙. 이렇게 위대한 과학자라 하면 보통 대표 업적이 자동으로 튀어나오기 마련인데 톰슨은 시간이 좀 걸린다. 기껏해야 절대온도 단위 K 정도가 떠오르는데 섭씨온도의 셀시우스, 화씨온도의 파렌하이트 정도의 무게감만 가질 뿐 엄청나게 대단한 업적처럼 감탄을 유발하지는 않는다. 전자기학,

열역학을 비롯해 19세기 물리학에서 톰슨의 손이 닿지 않은 분야가 없건만 그의 이름 하나로 대변될 만한 업적이 떠오르지 않는 것이다.

톰슨의 과학적 성취를 한 마디로 전달하기 어려운 이유는 그의 연구가 하나의 발견, 하나의 공식, 하나의 실험에 국한된 것이 아니었기 때문이다. 특히 열역학에서 톰슨의 성취를 정의하기는 쉽지 않다. 그는 열역학 법칙 성립에 중요한 공헌을 했지만 에너지 보존 법칙은 헬름홀츠, 열역학 제2법칙은 클라우지우스Rudolf Clausius가 더 직접적인 역할을 한 것으로 평가받는다.[2] 열역학에서 톰슨의 역할은 법칙의 정립자라기보다는 이론 사이의 모순을 찾아내는 예리한 문제 제기자라는 관점으로 이해할 수 있는데 이를 확인하기 위해 다시 줄과의 만남으로 돌아가 보자.

1847년 BAAS에서 줄의 발표는 두 가지 주장을 담고 있었다. 첫째, 역학적 일은 열로 변환된다. 둘째, 역학적 일에서 열로의 변환에는 일정한 변환 비율이 존재한다. 줄은 오늘날 우리가 열의 일당량이라고 부르는 값을 알아낸 것이다. 톰슨의 예리한 눈에 줄의 주장과 카르노의 열기관 이론 사이의 모순이 포착되었다.

사디 카르노 Sadi Carnot는 산업혁명기 열기관의 역할이 무르익었을 때 증기기관을 연구한 프랑스 엔지니어였다. 카르노는 수력학적 유비를 사용하여 열기관이 작동하는 방식을 이해했다. 그의 수력학적 유비의 핵심은 물레방아였다. 물레방아에서 발생하는 역학적 일은 고지대와 저지대 사이에 높이차가 있을 때만 발생하고 흐르는 물의 질량(m)에 비례한다. 이것을 열기관에 적용하면 다음과 같다. 열기관에서 발생하는 역학적 일은 열기관에서의 고

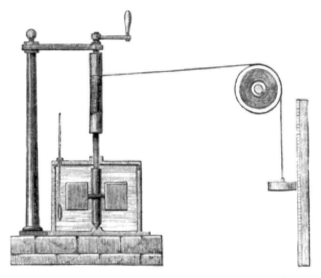

그림 2.2 열의 일당량을 측정하기 위한 줄의 실험. 무게추가 낙하하면서 도르래를 통해 물을 저어 물과의 마찰로 물의 온도가 얼마나 상승하는지 측정한다.

온부와 저온부 사이의 온도 차가 있을 때 발생하고 이때 발생하는 일은 열기관을 흐르는 열의 양(Q)에 비례한다.

수력학적 유비로부터 카르노는 다음과 같은 주장을 이끌어 냈다. 첫째, 물레방아에서 높이 차이가 있어야 물이 흐르는 것처럼, 열기관에서도 고온 T_1과 저온 T_2의 온도 차이가 있을 때만 역학적 일이 만들어진다. 둘째, 물레방아에서 높은 곳에서 낮은 곳으로 떨어지는 물의 양이 변하지 않는 것처럼, 열기관에서도 고온부에서 저온부로 흐르는 열의 양은 변하지 않는다.

첫 번째 주장은 열이 흐르는 방향성을 나타낸다. 열은 고온에서 저온으로만 흐르고 그 반대로의 흐름은 불가능하다는 것이다. 지금은 당연해 보이는 주장이지만 당시에는 열기관에서 고온부와 저온부를 분리해 사고하는 방식 자체가 새로운 것으로, 이는 제임스 와트가 열기관의 실린더와 응축기를 분리 설계한 개량이 선행되었기에 가능한 생각이었다.

두 번째 주장은 열의 양의 보존을 의미한다. 이는 열기관에서 역학적 일이 발생해도 고온부에서 저온부로 흐르는 열의 양은 변하지 않는다는 주장으로, 이는 역학적 일과 열이 상호 변환적인 관계가 아니라는 것을 의미했다. 카르노의 주장은 열을 칼로릭ca-loric이라는 물질로 간주한 당시의 이론에 따른 것이었다. 열은 수소나 산소처럼 보존되는 기본 원소 중 하나였고 라부아지에의 원소표에서 칼로릭이라는 이름으로 한 자리를 차지했다. 라플라스도 칼로릭 이론을 받아들였고 칼로릭 원소 사이에 척력이 작용한다는 가정을 덧붙였다. 칼로릭 원소 사이의 척력은 열의 확산과 뜨거운 기체가 팽창하는 현상도 설명했다.

그럼에도 톰슨이 19세기 최고의 물리학자인 이유

줄의 발표에서 톰슨이 포착한 카르노와 줄의 이론의 모순은 바로 이 부분이었다. 카르노에게 일과 열은 상호 변환적인 관계가 아니었지만 줄에게 일과 열은 상호 변환적인 관계였다. 열기관이 역학적 일을 하면 줄 이론에서는 고온부의 열의 양 Q_1에 비해 저온부의 열의 양 Q_2는 감소해야 하고 역학적 일은 그 차이인 $Q_1 - Q_2$에 비례한다. 반면 카르노 이론에서는 $Q_1 = Q_2$가 된다.

1847년 BAAS 모임에서 두 이론 사이의 모순을 발견한 후에도 톰슨은 한동안 카르노 이론이 옳다고 생각했다. 모임 직후 공학자였던 형 제임스 톰슨에게 보낸 편지에서 그는 줄 이론이 몇몇 부분에서 흥미롭기는 하지만 카르노 이론이 옳다는 견해를 밝혔다. 다음 해인 1848년 발표한 〈절대온도의 단위에 관하여On an Absolute Thermometric Scale〉 논문의 부제가 '카르노의 열의 동력 이론과 르뇨의 관찰에 기반하여founded on Carnot's Theory of the Motive Power of Heat, and calculated from Regnault's Observations'인 것에서도 그의 입장이 바뀌지 않았음을 알 수 있다.

줄 이론으로 설명되지 않는 몇몇 현상은 톰슨이 줄 이론으로 개심하는 것을 막았다. 그중 하나가 열의 전도 현상이었다. 금속 막대의 한쪽 끝을 데우면 금속 막대를 통해 열이 흐르지만 아무런 일도 발생하지 않았다. 카르노 이론에서는 이 현상을 여러 방식으로 설명하는 것이 가능했다. 수력학적 유비를 적용하면 물이 높은 곳에서 낮은 곳으로 흐르지만 물레방아가 없으니 역학적 일이 발생하지 않는다고 설명할 수 있다. 칼로릭 입자 사이의 척력으로 인해 한쪽 끝에 모여 있던 열의 원소들이 퍼져 나간다고 설명할 수도 있다. 하지만 열과 일의 변환을 주장하는 줄 이론에서는 이 현상을 설명하는 일이 어려웠다. 줄은 열의 변환으로 역학적 일이 발생한다고 주장했는데 왜 금속의 전도에서는 열이 역학적 일로 변환되지 않는 것인가?

톰슨이 카르노 이론에 집착하고 있는 사이 해결책은 엉뚱한 방향에서 등장했다. 독일의 클라우지우스는 줄과 카르노 간의 모순을 지적한 톰슨의 논문에서 강력한 통찰을 얻었다. 1850년 클라우지우스는 변형된 카르노 이론을 발표했다. 클라우지우스는 카르노 이론의 첫 번째 주장, 즉 열은 고온에서 저온으로만 흐른다는 주장을 카르노 이론의 본질로 규정했다. 그리고 그는 두 번째 주장인 열의 보존성을 폐기했다. 이렇게 함으로써 톰슨이 제기했던 열의 보존에 관한 줄과 카르노 이론 사이의 모순이라는 문제는 클라우지우스에 의해 해결되는 모습을 보였다.

하지만 톰슨의 입장에서는 문제가 완전히 해결되지 않았다. 열의 전도에 관한 의문은 여전히 해결되지 않는 문제였다. 톰슨이 클라우지우스 같은 선택을 주저한 이유 중 하나는 이런 것이었다. 금속의 전도에서는 어떤 일이 벌어지는 것인가?

이런 고민이 결국 톰슨을 열의 본질에 관한 새로운 이론으로 이끌었다. 1851년 톰슨은 〈열의 동역학적 이론에 관하여On the Dynamical Theory of Heat〉를 발표했다. 이 이론에서 그는 열이 물체를 구성하는 입자들의 운동 효과라는, 말 그대로 열의 동역학적 이론을 제시했다. 이에 따르면 금속에서 일어나는 열전도에서 열은 고체 주변을 둘러싼 기체의 역학적 운동으로 변환되는 것이다. 그런데 이렇게 변환된 기체의 역학적 운동은 인간이 사용할 수 없는 형태로 흩어진다고 톰슨은 주장했다. 클라우지우스가 변형한 카르노 이론과는 다른 종류의 열역학 제2법칙이 제안된 것이다.

1851년 논문과 이어지는 몇 편의 논문을 통해 톰슨은 열역학의 기본적인 전제를 제시했다. 첫째, 톰슨은 열이 칼로릭 같은 근본 물질이 아니라 분자 운동의 결과로 나타나는 2차적 효과라는 점을 밝혔다. 둘째, 그는 열을 대신하는 새로운 보존량으로 에너지 개념을 제시했다. "고체에서 열이 전도될 때 '열의 작인thermal agency'이 사용되었다면 그것이 만들어 내는 역학적 효과는 무엇이겠는가? 자연이 작동할 때 어떤 것도 사라지지 않는다. **어떤 에너지도 파괴될 수 없다.**" 에너지라는 말을 처음 사용한 것은 아니지만 이렇게 보편적인 방식으로 에너지를 사용한 사람은 톰슨이 처음이었다. 열과 역학적 일 모두를 포괄하는 개념으로 에너지를 사용함으로써 톰슨은 에너지를 물리학의 보편적 보존량으로 확립하는 데 일조했다.

1867년 톰슨은 피터 테이트Peter Tait와 함께 《자연철학 논고 Treatise on Natural Philosophy》라는 물리학 교과서를 출판했다. 이 영향력 있는 책을 통해 톰슨은 기존의 물리학을 에너지 개념과 동역학적 세계관 위에 재편했다. 그의 이름은 하나의 공식, 하나의 법칙, 하나의 실험으로 규정되지 않지만 그는 열역학을 동역학적 세계 위에 정립했다. 19세기 최고의 물리학자로 뽑기에 손색이 없다.

3장

패러데이가 힘의 선이
실재한다고 선언했을 때

1852년

1852년, '전기에 관한 실험 연구: 28번째 시리즈'를 마무리하면서
마이클 패러데이Michael Faraday는 그동안 아껴 두었던 말을 꺼냈다.

이 논문을 쓰며 지난 25~27번 연구에서 힘의 선이라는 용어를 애
매모호하게 사용한 적이 있다는 점을 깨달았습니다. 그래서 독자
에게 이게 그저 힘을 나타내는 표현 방식에 불과한 것인지 아니면
힘이 지속적으로 작용하는 경로를 나타내는 것인지 의심스럽게 만
들었습니다. … 그것[힘의 선]이 힘이 전달되는 **물리적 방식**을 나타
내는 것처럼 보였다면 내가 요즘 갖게 된 그 생각을 표현하고 있다
고 하겠습니다.

특유의 조심스러운 어조로 말하고 있지만 패러데이가 하고자
하는 말은 분명했다. 자기력이 그려 내는 힘의 선lines of force은 그

저 힘의 공간적 분포를 표현하는 비유가 아니라, 힘이 실제로 작용하는 경로이자 공간에 존재하는 물리적 실재라는 것이다. 수십 년간에 걸친 실험, 스물여덟 편의 논문을 거친 후에야 그는 꼭 집어 말할 수 있었다. 힘의 선은 실재한다고. 이렇게 힘의 선, 그리고 그것이 만드는 장field은 분명한 물리적 실재가 되어 뉴턴이 만든 물리적 세계를 대체했다.

전자기 유도, 뉴턴주의적 세계관의 전복

뉴턴의 물리적 세계의 중심에는 힘이 있었다. 그 힘은 접촉하지 않은 채 두 물체의 질량 중심 간에서 서로를 끌어당기거나 밀어내는 원거리 작용이었다. 손끝 하나 대지 않고 상대방을 날려 버리는 장풍처럼 서로 닿지도 않았는데 힘이 작용한다는 것이 얼마나 신기하고 믿기지 않는 일인가? 오늘날 우리는 교과서로 만유인력을 배우며 원거리 작용이라는 개념이 얼마나 신기한지 고민해 볼 새도 없이 공식을 자연스럽게 받아들이지만 뉴턴의 원거리 작용 개념을 처음 접한 17세기 사람들에게 이 개념은 영 불편했다. 충돌로 힘이 전달된다는 생각에 익숙했던 이 시대 사람들은 원거리 인력에서 중세의 마술을 떠올렸다. 물리적 매개 작용이나 매질 없이 진공을 통해, 그것도 순식간에 힘이 전달된다는 개념은 당시의 상식과는 잘 맞지 않았다.

하지만 원거리 작용이라는 개념은 뛰어난 수학적 설명력과 예측력으로 의심의 눈초리를 잦아들게 했다. 두 점전하 사이에 작용하는 정전기력을 계산하는 쿨롱의 법칙을 생각해 보자. 쿨롱의 법칙은 수학적 형태가 만유인력과 동일하다. 그래서 만유인력을 알고 있으면 덤으로 외워지는 공식이다. 쿨롱은 뉴턴의 만유인력을 모델로 하여 전하 사이에 작용하는 힘을 측정하는 실험을 설계한 것인데 역으로 이 실험의 성공이 뉴턴의 원거리 작용의 진리성을 확증해 주었다.

이제 원거리 작용은 자연계에 작동하는 가장 보편적인 힘의 형태로 여겨졌다. 프랑스 혁명 전후로, 사관학교와 에콜폴리테크닉에서 라플라스, 몽주, 라그랑주 등 최고의 수학자 아래에서 교육받은 푸아송, 비오 같은 프랑스 과학 엘리트는 뛰어난 수학 테크닉을 무기 삼아 열, 전기, 자기, 모세관 현상 등을 원거리 인력이나 척력으로 설명하는, 소위 '라플라스 프로그램'이라는 연구 프로그램을 추진해 나갔다. 일단 풀고자 하는 현상이 있으면 거기에 입자—열이면 열 입자, 전기는 전기 입자, 자기는 자기 입자 등—를 가정하고 그 입자 사이에 작용하는, 거리의 n제곱에 반비례하는 힘을 가정하여 현상을 설명했다. 이렇게 해서 모세관 현상이 성공적으로 해명되었다.

패러데이의 전자기 연구는 뉴턴식 원거리 작용이 여전히 위세를 발휘하던 1820년대 초에 시작되었다. 패러데이는 영국왕립연구소에서 화학 교수 험프리 데이비Humphry Davy의 실험을 도우며 전자기 연구에 뛰어들었다. 당시 덴마크의 한스 크리스티안 외르스테드Hans Christian Ørsted는 전류가 흐르는 도선의 위나 아래에 나침반을 놓으면 나침반의 바늘이 도선과 직각으로 회전하는 현상을 발견했는데 데이비가 이 실험을 검토하고 있었다. 데이비는

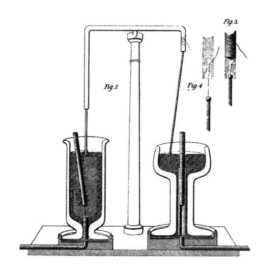

그림 3.1 패러데이의 전자기 회전 장치.

도선을 바닥에 놓는 대신 공중에 수직으로 세웠다. 도선 주위를 쭉 돌게 나침반을 설치하여 도선에 전류가 흐를 때 나침반의 바늘들이 도선을 둘러싼 원을 만든다는 사실을 알아냈으며, 철가루가 도선 주위에 원형을 그리며 정렬된다는 것도 알아냈다. 도선 주위에 생기는 자기장은 원형인 것이 분명해 보였다.

패러데이는 여기서 더 나아가 전기와 자기의 상호 작용의 본질이 회전 운동에 있다고 생각했다. 이를 확인하기 위해 패러데이는 그림 3.1처럼 독창적인 실험 장치를 고안했다. 이 장치에서 패러데이는 자석을 수은이 담긴 그릇의 바닥에 설치했는데 자석 하나는 바닥에 완전히 고정해 세워 놓고(오른쪽), 다른 하나는 움직일 수 있게 했다(왼쪽). 도선은 수은 그릇의 위쪽에 설치했는데 자석과 마찬가지로 하나의 도선은 고정된 채로 수은이 담긴 그릇의 중앙에 담기게 했고(왼쪽), 이와 연결된 다른 도선은 움직일 수 있게 해 두었다(오른쪽).

이제 도선에 전류를 흐르게 한다. 수은이 담긴 오른쪽 그릇의 바닥 도선에 (+)극을, 왼쪽 그릇 바닥 도선에 (-)극을 연결하자 오른쪽 수은 그릇으로 들어온 전류는 수은을 통해 공중에 매달린 도선으로 흘러간다. 이렇게 흐른 전류는 왼쪽에 고정된 도선을 따라 수은을 통과하여 왼쪽 바닥의 도선으로 흘러 나간다. 이렇게 전류가 흐르고 있을 때 어떤 일이 벌어질까? 우리 눈앞에는 두 개의 회전 운동이 펼쳐진다. 오른쪽에서는 도선이 고정된 자석 주변을 반시계 방향으로 돌고, 왼쪽에서는 바닥에 매달린 자석이 도선 주위를 시계 방향으로 회전한다. 이 실험 장치를 통해 패러데이는 도선과 자석 사이의 상호 작용의 본질이 원거리 작용에서 가정하는 직선의 인력이나 척력이 아닌 회전 운동이라는 생각을 굳히게 되었다.

하지만 당시 뉴턴주의적 세계관에 익숙한 대부분의 학자는 회전 운동이 본질이라는 점을 쉽게 받아들일 수 없었다. 물론 그들은 눈앞에 보이는 도선과 자석의 회전 운동은 인정했다. 하지만 당시 학자들은 그것이 기본 입자의 인력과 척력이 복잡하게 작용한 결과일 뿐이라고 짐작했고 실제로 그렇게 해석하려고 시도했다. 일례로 프랑스의 앙페르는 자석 내부에 원형 전류가 흐른다고 가정한 후 그 원형 전류와 도선의 전류 사이에 있는 인력과 척력의 복잡한 상호 작용으로 이 회전 현상을 분석하는 수고를 아끼지 않았다.

1821년 전자기 회전을 입증했음에도 뉴턴식의 원거리 힘의 개

넘을 벗어나는 과정은 패러데이에게도 그의 동시대 사람에게도 느리게, 몇 단계에 걸쳐 진행되었다. 1831년, 패러데이는 고리 모양의 철심에 두 개의 절연 코일을 각각 감은 후 한쪽 절연 코일에는 검류계를 연결하여 닫힌 회로를 만들고, 다른 쪽 코일에는 전지를 연결하여 회로를 만들었다. 전지를 연결한 코일에 전류가 흐르는 순간, 이와는 단절된 옆 회로의 검류계 바늘이 움직였다가 다시 제자리로 돌아왔다. 전류를 끊는 순간에도 검류계의 바늘이 움직였다. 회로에 흐르는 전류가 옆 회로에서도 전류를 만들어 낸 것이었는데 패러데이는 회로에 흐르는 전류가 주위에 자기장을 발생시키고 이 자기장이 옆 회로에 전류를 흐르게 하는 것이라고 추측했다.

만약 이 생각이 맞다면 굳이 전류를 흐르지 않고도 자석만으로 전류를 만들어 낼 수 있을 것이다. 패러데이는 이 생각을 확인하기 위해 막대 철심에 코일을 둘둘 감아서 검류계에 연결하고 철심의 양 끝에 막대자석을 갖다 대면서 전류가 흐르는지 확인했다. 자석을 갖다 대거나 떼는 그 순간마다 검류계의 바늘이 흔들렸다. 다음 단계로 패러데이는 철심을 빼고 절연 코일을 속이 빈 원통 모양으로 감은 후 원통형 코일의 안쪽에 자석을 넣었다 빼기를 반복했다. 그 결과 코일에 연결된 검류계의 바늘이 움직이는 것을 확인할 수 있었다. 이렇게 그는 자석으로 전류를 얻는 전자기 유도에 성공했다.

힘의 선은 실재한다

그런데 패러데이에게는 이해되지 않는 점이 하나 있었다. 바로 유도 전류가 찰나의 현상이라는 것이었다. 패러데이는 자석을 원통형 코일 안에 집어넣으면 코일에 전류가 지속적으로 흐를 것으로 기대했지만 전류는 자석을 움직이는 순간에만 흐르고, 자석이 정지해 있을 때는 흐르지 않았다. 고리형 철심에 감은 두 개의 절연 코일 회로에서도 전류가 흐르기 시작하는 순간과 전류가 끊어지는 순간에만 그 옆 회로에 전류가 잠깐 유도될 뿐 전류가 지속적으로 흐르지는 않았다. 이 점은 뉴턴식으로 생각해도 설명이 되지 않는 현상이었는데 뉴턴식의 원거리 작용에서는 질량이나 전기, 자기를 띤 입자는 존재하는 그 순간부터 입자끼리 힘을 발휘하기 때문에 그로 인해 전류가 발생하는 것이라면 지속적으로 전류가 흘러야 했다.

패러데이의 힘의 선(역선)과 자기장 및 전기장 같은 장 개념은 이 순간적인 변화를 설명하기 위한 노력의 결과였다. 패러데이는 데이비가 자석 주변의 철가루를 통해 가시적으로 보여준 자기력선의 이미지에 주목했다. 1831년 패러데이는 철가루가 나타내는 자기력선을 자기작용선magnetic curve이라고 이름 짓고 자기작용선을 자를 때 도선에 전류가 유도된다고 설명했다. 예를 들어 코일 안으로 자석을 넣으면 자석 주변에 만들어진 자기작용선이 도선에 의해 잘리면서 수직 방향으로 전류가 만들어진다. 원형 고리 철심을 감은 코일에 전류를 흐르게 하면 도선 주위에서 자기작용선이 '도선에서 나와 팽창'하게 되는데 이 과정에서 옆 코일에 의해 자기작용선이 잘리면서 전류가 발생한다. 반대로 코일에 흐르는 전류를 끊으면 자기작용선이 도선으로 수축해 들어가게 되는데 이때도 반대 코일에 의해 자기작용선이 끊기면서 전류가 발생하는 것이다. 즉 패러데이는 유도 전류는 자기작용선이 변화할 때 그 선을 끊는 작용이 생기는 경우에 발생한다고 생각했다.

힘의 선 개념의 다음 단계는 자기작용선이 힘을 전달하는 통로이자 그 자체로 힘을 지니고 있다는 인식으로 나아가는 것이었다. 여기에 중요한 역할을 한 것이 전기화학 분해 실험이었다. 패러데이는 황산나트륨에 적신 리트머스 시험지와 강황 시험지를 1.2m 떨어뜨려 놓고 그사이를 젖은 끈으로 연결한 후에 리트머스 종이에는 정전기 발생 장치를, 강황 시험지에는 방전 꼬리를 연결하여 하나의 회로를 완성했다. 그런 뒤에 전류를 흘려 두 시험지의 변화를 관찰했다. 그 결과 리트머스와 강황 시험지 모두 붉은색으로 변하는 것을 관찰했다. 두 시험지 사이를 21m까지 더 멀리 떨어뜨려 놓아도 이 변화는 동일했으며 전기 분해의 양도 동일하게 나타났다. 만약 원거리 작용이 맞다면, 그래서 거리의 n 제곱에 반비례하는 힘이 작용한다면 거리가 멀어질 경우 전기 분해의 양은 달라져야 하지만 실험 결과는 그렇지 않다는 것을 보여 주었다. 그와 함께 이 실험은 두 개의 전극 사이에서 화학 분해를 일으키는 힘이 전달되고 있다는 것을 보여 주었다.

자기작용선의 잘림에 의한 유도 전류의 발생, 그리고 전기화학 분해에서 전류의 역할 등에 대한 실험을 통해 패러데이는 점차 자기작용선이라는 것이 그저 비유적인 표현이 아니라 물리적 실재라는 것을 확신했다. 하지만 그 확신은 처음 연구를 시작하고

41

도 30년이 넘게 지난 1852년에서야 '전기에 관한 실험 연구: 28번째 시리즈'에서 분명하게 주장할 수 있었다. 공개적인 발표까지 이렇게 긴 시간이 흘러야 할 만큼 그의 생각은 원거리 작용에 익숙한 당대의 물리학자에게, 그리고 패러데이 자신에게조차 낯선 개념이었다. 그렇다면 패러데이로 하여금 당대의 주류였던 생각에서 벗어나 완전히 새로운 힘의 선과 장 개념으로 가게 만든 원동력은 어디에서 나온 것일까? 그는 어떻게 힘에 대한 패러다임을 바꿀 수 있었던 것일까?

패러데이를 패러데이로 만든 결정적 요건

그에 관한 첫 번째 설명은 학계의 비주류였던 그의 배경에서 찾아볼 수 있다. 패러데이는 가난한 대장장이 집안에서 태어나 읽기와 쓰기를 겨우 배우고 인쇄소의 제본공 도제로 들어갈 정도로 제대로 된 교육을 받지 못했다. 제본하는 책을 독학해서 당대의 과학 이론들을 배웠지만 막 프랑스에서 수입되어 들어오던 어려운 해석학calculus은 독학으로 깨닫기가 어려웠다. 당시 프랑스의 과학 엘리트와 영국 케임브리지 출신의 과학 엘리트가 수학 도사로 거듭나고 있던 시절, 수학은 패러데이 최대의 약점이자 평생의 핸디캡으로 작용했다.

패러데이는 그들이 가진 뛰어난 수학적 테크닉이 없었기에 회전 운동을 직선 원거리 작용의 복합적 작용으로 환원하여 사고할 수는 없었다. 그 대신 실험의 시각적 효과를 보여 주는 데 주력했

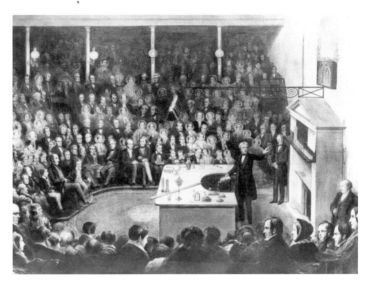

그림 3.2 왕립연구소에서 개최한 패러데이의 크리스마스 강연에 대한 묘사.

다. 전자기 회전 운동이나 전자기 유도 실험, 그리고 전기화학 분해 실험은 도선과 자석의 회전으로, 검류계 눈금의 움직임으로, 리트머스 시험지의 색깔 변화로 전자기 현상을 주관적으로 표현했다. 수학이라는 언어 대신에 실험의 결과를 이미지로 표현하는 새로운 언어를 개발한 것이다.

패러데이가 조수로 고용되어 후에 교수로 평생을 지낸 왕립연구소가 대중강연을 위한 기관이었다는 점도 여기에 영향을 미쳤다. 인기 있는 과학 강연가로서 패러데이는 강연홀을 가득 채운 청중을 감동시킬 시범 실험을 만들어 내는 데 집중했다. 수학이나 어려운 설명 없이도 그 실험의 가시적인 효과만으로 수많은 청중을 감동시키고 설득할 필요가 있었던 것이다. 그의 많은 실험이 실험 그 자체만으로 설득력을 지닐 수 있던 것은 바로 왕립

연구소의 대중강연가로서의 임무와 연관되어 있다.

다양한 분야의 전기 현상을 연구하고 그것을 하나로 연결해서 사고할 수 있던 점도 힘의 선과 장 개념을 발전시키는 데 유리한 조건으로 작용했다. 주로 물리적 전기 현상에 초점을 맞췄던 다른 학자들과 달리 패러데이의 전기 연구에는 전기 분해라는 화학적 현상까지 포함되어 있었다. 전기화학 분해에 대한 연구 덕분에 그는 원거리 작용에서 중요한 거리(r)라는 변수를 빠르게 포기할 수 있었다.

실험 현상의 시각화라는 강점 덕분에 패러데이는 자기력선과 그 작용을 우리 눈앞에 인상적으로 펼쳐냈다. 하지만 수학의 부족은 마지막 순간까지 그의 발목을 잡았다. 패러데이의 주장대로 자기력선이 공간에 물리적으로 실재하고 그 선을 따라 힘이 전달된다면 그 힘이 전달되는 메커니즘은 무엇인가? 원거리 작용에서는 힘이 즉각적으로 전달되는 데 비해, 자기력선을 통해 힘이 전달된다면 힘이 전달되는 데 걸리는 시간은 얼마인가? 자기력선이 물리적 실재라면 자기력선이 펼쳐져 있는 그 공간에는 에너지가 실려 있을까? 그 에너지의 크기는 얼마일까? 이런 질문에 대한 대답은 현상을 보여 주는 실험만으로는 부족했다. 이제 수학적 무기가 필요한 순간이 되었다.

아쉽게도 패러데이는 이런 질문에 효과적으로 대처하지는 못했다. 그는 힘의 선과 장의 개념을 세상에 내놓았지만 그것의 발전에는 가시적 실험 결과 이상의 것이 필요했다. 이제 그 일은 엄청난 수학적 훈련을 통해 단련된 신세대 물리학자의 몫으로 남겨졌다. 맥스웰의 시간이 시작된다.

4장

맥스웰주의자들이
승리를 선언한 날

1888년 9월

1888년 9월 6일, 영국의 도시 바스에서 열린 영국과학진흥협회 물리학회에서 영국 물리학자 조지 피츠제럴드George FitzGerald는 전자기파가 실험으로 입증되었음을 알렸다. 그는 제임스 클러크 맥스웰James Clerk Maxwell이 이론적으로 예측한 전자기파의 검출 방법을 제안했는데 독일 물리학자 하인리히 헤르츠Heinrich Hertz 가 이 방법에 따라 전자기파의 공진으로 인해 나타나는 강렬한 전기 스파크를 만들어 냄으로써 전자기파의 존재를 확인해 주었 던 것이다. 이로써 맥스웰의 전자기파 이론의 승리가 선언되었다.

영광의 주인공인 맥스웰의 이름을 고등학교 물리 시간에 처음 들었을 때 당시 유명한 커피 제품 이름이랑 같다는 것 외에 별 인 상을 받지 못했고 실제로 수업 시간에도 잠깐 스치듯 지나가서 그가 얼마나 위대한 물리학자인지 알지 못했다. 대학 전자기학 시간에 맥스웰 방정식을 배울 때도 이미 여러 학자에 의해 발견

$$\nabla \cdot E = \rho \qquad \text{가우스 법칙}$$

$$\nabla \cdot B = 0 \qquad \text{가우스의 자기 법칙}$$

$$\nabla \times E = -\frac{\partial B}{\partial t} \qquad \text{패러데이 법칙}$$

$$\nabla \times H = J + \frac{\partial D}{\partial t} \qquad \text{앙페르-맥스웰 법칙}$$

그림 4.1 맥스웰 방정식.

된 법칙을 정리하고 거기에 숟가락 하나를 더 얹은 사람 정도라고 생각했다. 왜 이 법칙들에 맥스웰의 이름을 붙여야 하는지 이해가 되지 않았다. 왜 이런 생각을 하게 되었는지 잠깐 맥스웰 방정식(그림 4.1)을 보자.

그림 4.1에 나타난 전자기 현상에 대한 네 개의 법칙을 합쳐 맥스웰 방정식이라고 부른다. 첫 번째 가우스 법칙은 전하와 전기력선의 관계를 나타내는데 임의의 공간에 들어가는 전기력선의 양과 그 공간에서 나오는 전기력선의 양에 차이가 있을 때($\nabla \cdot E \neq 0$) 공간 안에 전하가 존재한다는 것을 의미한다.

두 번째 가우스의 자기 법칙은 일정한 공간에 들어오는 자기력선의 양과 그 공간에서 나오는 자기력선의 양이 항상 같다는 것을 의미한다. 이는 자기력선이 언제나 폐곡선을 그린다는 점을 가리키며 또한 자기력선에는 전기의 (+) 또는 (-) 전하처럼 N극이나 S극이 단독으로 존재하면서 열린 자기력선을 만드는 홀극 monopole이 존재하지 않는다는 것을 나타낸다.

패러데이 법칙이라 불리는 법칙은 자기장의 시간적 변화가 전기장을 유발한다는 것으로 코일에 자석을 넣었다 뺐다 했을 때 (즉 자기장의 시간적 변화) 코일에 전기장이 형성되어 전류가 흐른다는 것을 의미한다.

네 번째 앙페르의 법칙은 전류가 흐르는 도선 주변에 자기장이 형성됨을 표현한 것으로 자기장의 강도(H)는 변위 전류와 일반 전류의 합임을 의미한다. 이때 D는 전기력선의 밀도, J는 일반 전류 밀도를 나타내는 물리량이고 이중 $\frac{\partial D}{\partial t}$ 는 전기력선의 시간적 변화로 인해 발생한 전류를, J는 회로에 흐르는 전류를 가리킨다.

그저 방정식 각각의 이름만 보면 맥스웰은 가우스, 패러데이, 앙페르가 발견한 법칙을 한자리에 모으고 거기에 변위 전류($\frac{\partial D}{\partial t}$)의 개념을 더했을 뿐이다. 그런데 왜 맥스웰에게 법칙을 발견한 영예를 부여한 것일까? 기존에 난립해 있던 전자기 관련 법칙을 수학화하면서 수학적 일관성을 이끌어 냈다는 점, 즉 '수학적 종합'이라는 말로 그의 기여를 평가하기도 하지만 맥스웰의 공헌은 '수학화'라는 말로는 부족하다. 이제 그 이야기로 들어가 보자.

맥스웰, 자연을 보는 새로운 모형을 제시하다

맥스웰이 전자기 연구에 본격적으로 뛰어든 것은 1854년 케임브리지대학의 악명 높은 졸업 시험, 수학 트라이포스mathematical tripos를 마친 직후였다.[1] 졸업 시험을 2등으로 마친 맥스웰은 패러데이의《전기에 관한 실험 연구Experimental Researches in Electricity》

를 읽으면서 전자기학 연구를 시작한다.

패러데이는 전기와 자기 간의 상호 작용, 그리고 전자기와 광학 간의 상호 작용을 시각적으로 구현하는 데 압도적인 능력을 지닌 사람이었다. 코일 안팎의 자석 운동으로 전류를 유도하는 실험, 전기와 자기의 상호 작용의 본질이 회전 운동이라는 것을 보인 실험 등 사람들의 눈앞에 특정 현상을 펼쳐내는 데 타의 추종을 불허했다. 하지만 조판공 도제 출신으로 독학하며 과학을 공부한 패러데이에게 수학은 언제나 높은 장벽이었다. 특히 19세기 중반 영국에서는 프랑스의 미적분학을 받아들여 열, 빛, 전기, 자기 현상을 미적분학으로 분석하는 것이 과학계의 주된 흐름이었는데 패러데이는 이 흐름의 바깥에 외로이 서 있었다.

여기에 뉴턴에서 이어지는 원거리 작용 대신 힘의 선과 장이라는 개념으로 전자기 현상을 설명한 패러데이의 시도를 당대의 주류 학자는 이해하기 힘들었다. 당시 독일에서는 빌헬름 베버가 쿨롱 법칙과 앙페르 법칙을 결합한 원거리 작용으로 전자기 현상을 설명하려고 시도했는데 영국에서조차 베버식의 접근을 더 편안하게 여겼다. 가우스의 법칙과 앙페르의 법칙, 쿨롱의 법칙 모두 원거리 작용 개념을 바탕으로 만들어진 것이었기 때문에 원거리 작용 이론은 위 법칙들로 증명된 것처럼 보이기도 했다. (그림 4.1에 있는 각각의 법칙은 맥스웰 방정식에 편입된 후 약간의 변형을 거친 것이다. 원래의 가우스 법칙이나, 앙페르의 법칙은 그림 4.1과는 수학적 형태가 달랐다.)

맥스웰은 패러데이의 힘의 선과 장 개념의 수학화를 시작했다. 그 힌트는 같은 스코틀랜드 출신 선배인 윌리엄 톰슨에게서 얻을 수 있었다.[2] 톰슨은 푸리에의 열전도 이론과 쿨롱의 정전기 원거리 작용 이론의 수학적 형태가 동일하다는 점에 주목했다. 수학적으로 두 이론이 같다면 물리적 현상도 같지 않겠는가. 톰슨은 수학적 공식의 동일성에서 물리적 현상의 유사성을 끌어내는 수학적 유비의 방법을 발전시켰다.

맥스웰은 반대의 방법을 사용했다. 푸리에가 열전도 이론에서 열을 유체의 흐름으로 이해한 것처럼 패러데이의 전자기 힘의 선과 전자기장도 유체의 흐름으로 가정하면, 물리적 현상의 유사성에 따라 푸리에가 열전도에서 사용한 수학적 기법을 패러데이 힘의 선과 장 개념에 적용할 수 있지 않을까. 맥스웰은 작업에 착수했다.

맥스웰은 전자기 힘의 선을 압축이 불가능한 유체의 흐름으로 가정하고 유체가 시작되는 공급원과 유체가 나가는 배수구가 있는 유체 유동 모형을 만들었다. 그 사이를 흐르는 유체는 공급원에서 배수구까지 이어지는 긴 튜브가 여러 개 모인 튜브 다발로 상정했다. 튜브의 단면적은 제각각일 수 있는데 단위 시간당 하나의 튜브에 흐르는 유체의 양은 일정하다. 따라서 단면적이 넓은 튜브보다는 좁은 튜브에서 유체의 속도가 빨라진다. 이제 전자기 현상과 비교하면 공급원은 (+) 전하, 배수구는 (-) 전하가 되고 그 사이에 형성된 힘의 선 하나하나는 유체 튜브 하나하나에 대응된다.

맥스웰은 조제프 푸리에Joseph Fourier의 열전도 이론에 관한 수학 공식을 적용하여 전자기 힘의 선과 장의 수학적 표현을 끌어냈다. 이를 통해 그는 원거리 인력 모델에 기반한 쿨롱의 법칙을

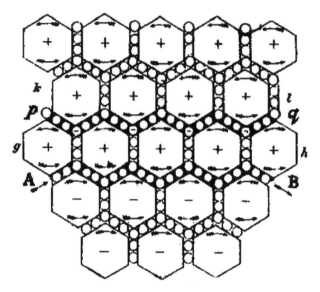

그림 4.2 전자기 상호 작용을 묘사한 맥스웰의 유동 바퀴 모형.

전기력선과 장으로 설명해 냈다. 그동안 전하 사이의 원거리 작용으로만 이해했던 정전기력을 패러데이의 힘의 선과 장으로도 유도할 수 있다는 사실을 보여준 것이다. 맥스웰은 이에 관해〈패러데이의 힘의 선에 관하여On Faraday's Lines of Force〉라는 논문을 출판했다. 맥스웰은 1861년 출판된 논문〈물리적 힘의 선에 관하여On Physical lines of Force〉에서는 유명한 '유동 바퀴idle wheel' 모형을 도입했다. 맥스웰은 기존의 유체 시스템이 전기나 자기 현상 각각을 잘 설명하지만 패러데이의 발견에서 가장 중요한 전기와 자기의 상호 작용을 설명할 수 없었던 점을 보완하기 위해 완전히 새로운 모형을 제시한 것이다(그림 4.2).

유동 바퀴 모형은 육각형 모양의 소용돌이 분자와 그 사이를 흐르는 작은 구형의 입자들(유동 바퀴), 그리고 두 개의 도체 AB 와 pq로 구성된다. 도체 A에서 B로 흐르는 전류는 A와 B 사이에 존재하는 작은 유동 바퀴의 운동으로 표현된다. 유동 바퀴가 움직임에 따라 그 주위의 육각형 소용돌이 분자는 바퀴의 흐름에 따라 회전하여 AB의 위쪽에 접한 소용돌이 분자(gh)는 반시계 방향으로, 아래쪽에 접한 소용돌이 분자는 시계 방향으로 회전한다. gh의 회전은 도체 pq에 있는 유동 바퀴의 흐름을 만들어 내는데 이때 유동 바퀴는 q에서 p로 흐르면서 소용돌이 분자 kl의 회전을 유발한다. (그림 4.2에서 일부 유동 바퀴의 회전 방향이 잘못 표시되어 있다.)

모형에서 작은 유동 바퀴의 운동은 전류의 흐름, 소용돌이 분자의 회전은 자기력선을 의미한다. 맥스웰은 유동 바퀴 모형으로 전류의 흐름이 주위에 자기장을 발생시킨다는 점을 표현했다(유동 바퀴가 소용돌이 분자를 회전시켜 자기장 발생). 또 AB에 흐르는 전류로 인해 도체 pq에 유도 전류가 발생하는 것과 유도 전류의 흐름이 원래 전류의 흐름과는 반대가 된다는 것을 보였으며 소용돌이 분자와의 마찰로 유도 전류의 흐름이 곧 사라지는 것까지 표현했다.

이후 맥스웰은 소용돌이 분자가 탄성을 지니고 이로 인해 소용돌이 분자에 탄성 변형이 일어난다는 가정을 추가로 도입했다. 탄성 변형의 효과로 소용돌이 분자가 힘을 받으면 변형되었다가 다시 원상태로 복귀해서 작용을 전달하기까지는 얼마간 시간이 걸렸다. 탄성 변형을 도입함으로써 맥스웰은 전기와 자기의 효과가 공간적으로 전달될 때는 항상 시간이 걸린다는 것을 모델로 구현해 냈다. 힘 전달에 시간이 걸리는 것은 힘의 선 이론과 원거리 작용 사이의 좁힐 수 없는 차이에 해당했는데 이 모델로부터 맥스웰은 힘이 전달되는 데 걸리는 시간, 즉 전자기파가 전달되는 속도가 빛의 속도와 동일하다는 점까지 유도할 수 있었다. 그리고 이 모형에서 앙페르의 법칙과 쿨롱의 법칙을 포함한 맥스웰 법칙을 모두 유도하는 데 성공했다.

1861년 유동 바퀴 모형의 성과를 정리하면 다음과 같다. 첫째, 그는 힘의 선과 장 개념을 구현할 수 있는 기계적 모형을 만들고 그로부터 원거리 작용으로 찾은 앙페르 법칙과 쿨롱 법칙을 유도하는 데 성공했다. 이로써 힘의 선 개념에 대한 원거리 작용 이론의 우위가 사라졌다. 둘째, 맥스웰은 유동 바퀴 모형을 이용해 원거리 작용에서는 하지 못한 새로운 예측, 즉 전자기파의 전파 속도가 광속에 해당한다는 예측을 이끌어 냈다. 이제 전자기파 속도 측정 실험은 두 이론 중 누가 옳은지 판가름하는 결정적인 역할을 수행하게 될 터였다.

1864년에 발표한 논문 〈전자기장에 대한 동역학적 이론A Dynamical Theory of the Electromagnetic Field〉부터 1873년에 출판한 책 《전기와 자기에 관한 논고A Treatise on Electricity and Magnetism》에 이르기까지 맥스웰은 유동 바퀴 모형 같은 기계적 모델을 최대한 자제하면서 전자기장 이론을 발전시켜 나갔다. 탄성 매질에 대한 최소한의 가정만을 가지고 탄성 매질이 구체적으로 작동하는 메커니즘을 언급하는 것은 최대한 피하면서 일반화된 이론으로 나아가려 했다. 19세기 과학계, 그중에서도 영국 과학계에서 자연의 물리적 작동 방식을 기계적 모형의 구체적 운동으로 구현하는 작업은 낯선 일이 아니었다. 윌리엄 톰슨은 특정 물리 현상에 대해 기계적 모형을 생각해 내지 못한다면 그것은 현상을 제대로 이해하지 못한 것이라고 말하기까지 했다. 하지만 기계적 모형을 통한 유비는 그저 유비일 뿐이지 자연의 실제 작동 방식을 의미하지 않는다는 사실은 당시의 과학자도 동의하는 바였다. 따라서 맥스웰이 발견의 도구로서 기계적 유비를 활용하는 것은 1861년 논문까지였고 1864년 논문부터는 그 유비에서 벗어나 일반화를 추구했다.

맥스웰을 만든 맥스웰주의자들

하지만 맥스웰의 이론은 쉽게 받아들여지지 않았다. 오늘날 맥스웰 방정식이 4개의 방정식으로 이루어진 것과 달리 당시 맥스웰 방정식은 20개의 변수로 쓰인 20개의 방정식이었다. 전자기파의 속도는커녕 전자기파를 만드는 것조차 아직 실험적으로 구현된 적이 없었다. 전자기파는 그저 논문 속에서 수학적으로만 존재했다. 1879년 11월 5일, 맥스웰은 위암으로 세상을 떴다. 비록 20년 가까이 해 온 전자기론 연구가 학계에 수용되는 모습을 보지는 못했지만 열역학의 분자 운동론, 맥스웰 분포 곡선과 통계역학, 시각 연구, 토성 고리의 안정성 연구, 케임브리지대학 캐번디시연구소의 초대 소장, 영국과학진흥협회에서 저항 표준의 절대단위 측정을 주도하여 영국의 저항 단위를 국제단위로 정립시키는 등 위대한 과학자로 기억되기에 맥스웰의 업적은 차고 넘쳤다.

세상을 뜨기 직전까지 맥스웰은 《전기와 자기에 관한 논고》 2판을 준비 중이었다. 하지만 2판이 나왔다고 할지라도 그의 책이 물리학계를 설득할 가능성은 크지 않았을 것 같다. 패러데이의 이론이 이상해 보였던 것만큼이나 맥스웰의 책도 수학적으로 어려우면서 투박했다. 대학 때부터 그랬듯이 계산 실수도 많아서 신뢰성을 깎는 일도 잦았다. 어쩌면 맥스웰의 책은 위대한 과학자가 남긴 이해하기 힘든 이론의 모음집으로 끝났을지 모른다. 하지만 다행스럽게도 맥스웰의 이론에 열광한 젊은 학자들이 그의 이론을 수학적으로 세련되고 물리적으로 수용 가능한 형태로 바꾸는 일에 뛰어들었다. '맥스웰주의자Maxwellian'로 알려진 이들은 1888년 바스의 승리 선언을 이끌어 낸 사람들이었다.

맥스웰주의자 중 가장 독특한 인물인 올리버 헤비사이드Oliver Heaviside의 이야기부터 시작해 보자. 헤비사이드도 패러데이처럼 독학으로 공부한 과학자이지만 독학이라는 약점 때문에 수학에 발목을 잡힌 패러데이와 달리 헤비사이드는 수학으로 날개를 단 사람이다. 넉넉하지 못한 집안에서 태어난 헤비사이드는 초등학교 수준의 정규 교육만 받았다. 한데 미지의 저항값을 측정하는 계측기인 휘트스톤 브리지Wheatstone bridge를 만든 찰스 휘트스톤이 삼촌뻘이었던 덕에 어려서부터 전기에 관심을 가졌다. 삼촌의 도움을 받아 전신 기사가 되었고 전신에 관한 논문도 출판하여 윌리엄 톰슨이나 맥스웰의 눈에 띄기도 했다.

1873년 헤비사이드는 맥스웰의 《전기와 자기에 관한 논고》를 처음 접했다. 너무나 멋진 책이었지만 산수와 삼각함수 정도밖에 알지 못했던 그가 읽기에는 너무 어려웠다. 이후 수년간 헤비사이드는 맥스웰의 책을 이해하기 위해 수학을 공부했고, 그 과정에서 맥스웰의 수학 공식을 더욱 간단하고 세련되게 표현하는 방법을 개발했다. 그것이 바로 벡터vector다. 그는 벡터의 '회전($\nabla \times$)'과 '발산($\nabla \cdot$)' 연산자를 이용하여 맥스웰의 공식을 현재 우리가 쓰는 것과 같은 네 개의 공식으로 정리했다. 헤비사이드를 통해 맥스웰의 방정식은 간단하면서 명쾌한 형태로 자리 잡게 되었다.

바스에서 헤르츠의 실험을 소개한 피츠제럴드도 대표적인 맥스웰주의자였다. 아인슈타인의 특수 상대성 이론에 나오는 로런츠-피츠제럴드 수축의 바로 그 피츠제럴드이다. 1879년 2월 맥스웰은 건강이 악화되는 중에도 논문 심사를 맡았는데 논문의 저자가 바로 아일랜드트리니티칼리지의 펠로였던 피츠제럴드였다. 피츠제럴드는 논문에서 전자기 이론을 빛의 반사, 굴절, 광자기 현상에까지 적용함으로써 맥스웰 전자기 이론의 확장을 꾀했다. 후에 피츠제럴드는 빠르게 진동하는 전류로 전자기파를 만들어 낼 수 있을 것이라고 예측했는데 헤르츠의 실험 덕에 자신의 예측이 맞았음을 바스에서 선언할 수 있었다.

피츠제럴드의 동년배 친구였던 올리버 로지Oliver Lodge도 빼놓을 수 없는 맥스웰주의자였다. 로지는 맥스웰 이론을 쉽게 전달하는 해설자 역할에 탁월한 재능을 보였다. 그는 구슬이 달린 줄과 도르래를 이용해 맥스웰의 전자기파가 에테르를 통해 전달되는 기계적 모형을 고안했으며 해당 모형과의 유비를 통해 전기전도와 유전분극을 이해하기 쉬운 방식으로 설명했다. 또한 로지는 피츠제럴드와 함께 전자기파를 발생, 검출하는 방법을 처음으로 고안했으며 맥스웰의 전자기파를 라디오 같은 실용적인 영역으로 확장하는 데 기여했다.

영국 맥스웰주의자들의 수많은 노력 덕에 난해한 맥스웰의 전자기파 이론은 이해 가능한 형태로, 수학적으로 세련된 형태로 바뀌었으며 더 많은 전자기 현상과 광학 현상으로까지 확대 적용되었다. 또한 이들의 제안으로 전자기파는 실험적으로 검출 가능한 존재가 되었다. 그 검증은 영국 맥스웰주의자들이 아닌, 독일의 헤르츠에 의해서 이루어지기는 했지만 말이다.

맥스웰과 맥스웰주의자의 관계는 하나의 과학 이론이 매우 집단적인 협력의 성과물임을 보여준다. 우리는 보통 뉴턴의 고전역학, 아인슈타인의 상대성 이론 등 하나의 이론에 한 명의 연구자 이름을 붙이는 데 익숙하지만 뉴턴이나 아인슈타인 단독으로는 오늘날과 같은 완성도를 갖춘 이론을 구성하지 못했을 것이다. 1687년《프린키피아》에서 시작한 뉴턴의 고전역학은 라플라스의《천체역학》(1799~1825)에 이르기까지 100년이 넘는 기간 동안 수많은 학자의 손을 거쳐 수정과 보완을 거듭해 오늘날의 형태로 완성되었다. 아인슈타인의 상대성 이론 역시 100년이 넘은 지금까지도 계속해서 발전하는 중임을 21세기 노벨 물리학상을 통해 확인할 수 있다. (2017년 노벨 물리학상은 아인슈타인이 예측한 중력파를 검출한 연구자들에게 돌아갔다.)

마찬가지로 맥스웰주의자의 공헌을 뺀다면 맥스웰의 전자기 이론이 이후에 이룬 엄청난 성공과 기술적 성과를 설명할 수 없을 것이다. 오늘날 헤비사이드, 피츠제럴드, 로지는 과학사학자만 기억하는 이름이 되었지만 이들은 맥스웰만큼이나 과학의 발전에 이바지했다. 우리가 그들의 이름을 기억해야 하는 이유는 지금도 연구 현장에서 일하는 수많은 과학자 역시 그들처럼 훗날 역사에 이름을 각인하지는 못할지라도, 과학이라는 거대한 퍼즐의 아주 작은 조각을 맞춰나가는 데 일조하고 있기 때문이다.

5장

플랑크의 '양자 혁명'

1900년 베를린

1900년 12월 14일 독일 제국의 수도 베를린에서 개최된 독일물리학회에서 당시 제국물리기술연구소 소속 이론물리학 교수였던 막스 플랑크Max Planck는 〈빛띠(스펙트럼)의 에너지 분포 법칙의 이론에 관하여On the Law of Distribution of Energy in the Normal Spectrum〉'라는 논문을 발표한다.[1] 물리학 교과서에 등장하는 '표준적' 설명에 따르면 이 논문은 양자물리학의 역사에서 기념비적인 위치를 차지한다.

플랑크는 이 논문에서 당시 물리학자가 고민한 중요한 이론적 난제, 즉 흑체복사 현상에 대한 실험과 이론의 불일치를 양자화된 에너지—최소 단위 덩어리의 형태로 존재하는 에너지—를 상정하는 방식으로 깔끔하게 설명함으로써 양자물리학을 시작했다. 좀 더 자세하게 설명하자면, 플랑크의 흑체복사 이론은 그전까지 해당 현상을 설명해 온 두 가지 이론의 한계를 에너지의 양자화를 통해 극복했다. 즉 높은 주파수 영역에서는 잘 맞지만 낮은 주파수 영역에서는 실험 결과와 어긋나는 독일 물리학자 빌헬름 빈Wilhelm Wien의 공식, 거꾸로 낮은 주파수 영역에서는 잘 맞지만 높은 주파수 영역에서는 에너지 밀도가 한없이 증가하는 '자외선 파국ultraviolet catastrophe'을 보여 주는 영국 물리학자 존 윌리엄 스트럿 레일리John William Strutt Rayleigh와 제임스 진스James Jeans 공식의 문제점을 동시에 해결한 것이다.

물리학 교과서만이 아니라 대중에게 양자물리학의 역사를 소개하는 많은 글에 등장하는 이 '표준적' 설명은 1908년 이후 양자물리학의 잠재력이 물리학자 사이에서 상당한 공감대를 얻게 되면서 '재구성된' 이야기이다. 특히 아인슈타인이 1905년 빛알갱이(광자)를 가정하여 광전 효과를 성공적으로 설명하고 1907년 양자화된 에너지 개념을 활용하여 비열을 깔끔하게 설명한 이후, 헨드릭 로런츠Hendrik Lorentz나 파울 에렌페스트Paul Ehrenfest 같은 네덜란드 물리학자는 양자화 개념을 당대 물리학의 중심 연구 방법론으로 확립하려고 노력했다. 그리고 이 과정에서 플랑크의 1900년 논문에 양자물리학의 '기원'으로서 지위가 부여되고 자연스럽게 이 '표준적' 이야기가 유행하기 시작한 것이다. 플랑크조차 1918년 노벨상 수상 연설을 비롯한 후대의 기록에서 이 '표준적' 이야기를 반복하고 있다.

양자물리학의 태동에 관한 '비표준적' 설명

하지만 당시 관련 기록을 살펴보면 실제로 플랑크는 1900년 논문을 발표하고 나서도 한참 동안 에너지의 양자화를 수학적 기법이 아니라 '물리적 사실'로 받아들이는 데 주저했다. 그래서 1908년 동료 화학자 발터 네른스트Walter Nernst가 이제는 양자 개념에 대한 진지한 토론이 필요하다고 제안했을 때에도 아직까지 물리학자 사이에서 양자 개념의 적절성에 대해 완전한 합의가 없기에 시기상조라고 답변했을 정도였다. 사실 이런 플랑크의 판단은 당시 물리학자의 분위기를 상당 부분 정확하게 읽은 것이다. 플랑크는 1908년 노벨 물리학상 후보로 추천되었지만 당시 물리학계는 플랑크의 에너지 양자 이론을 빌헬름 빈의 이론을 개선한 정도로 보아 독창성이 떨어진다는 의견과 플랑크 이론의 독창성은 인정하면서도 노벨상을 수여할 만한 연구인지 판단하기에는 아직 이르다는 의견으로 양분되어 있었다. 당연히 플랑크의 1908년 노벨상 수상은 좌절되었다.

하지만 항상 의욕이 넘쳤던 네른스트는 한결같이 조심스러웠던 플랑크의 반응에 개의치 않고 벨기에 사업가 솔베이를 설득해서 현대 물리학의 여러 당면 과제를 논의하는 학술대회를 추진했다. 이렇게 해서 1911년 개최된 솔베이 1차 회의의 주제는 자연스럽게 '복사와 양자'가 되었다. 그리고 이때쯤이면 이미 닐스 보어Niels Bohr와 같은 젊은 물리학자 사이에서 양자물리학은 물리학의 혁명적 변화를 이끌 혁신적 연구 방법으로 평가되고 있었다.

플랑크의 1900년 논문에 대한 '표준적' 설명이 어떠한 점에서 사실과 동떨어진 재구성인지를 이해하려면 이 설명에서 그다지 강조되지 않는 두 측면, 즉 플랑크의 연구가 제국물리기술연구소라는 당시로서는 매우 특이한 국가 지원 과학기술연구소를 배경으로 이루어졌다는 사실과 이론물리학자로서의 플랑크의 정체성을 동시에 고려해야 한다.

물리학의 역사적 전개를 다룬 '표준적' 설명에서는 일반적으로 이론과 실험 사이의 깔끔하고 생산적인 상호 작용이 돋보인다. 가령 실험물리학자들이 흑체복사에 대한 실험 결과를 제시하면 그에 대해 이론물리학자들이 경쟁하는 두 이론(빈과 레일리-진스)을 제안하고, 플랑크가 각 이론의 장점을 종합하여 단점을 극복한 새로운 이론을 통해 물리학의 혁명적 발전을 이끈다는 것이다. 이에 더해 플랑크 이론이 성공한 근본적인 이유는 다른 물리학자와 달리 플랑크가 에너지를 작은 알갱이로 나누어, 즉 양자화한 방식으로 이해했기 때문이라고 말한다. 양자물리학이 기존의 고전물리학으로 설명하기 어려운 현상을 성공적으로 기술함으로써 혁명적 이론 교체의 시발점을 제공했다는 생각에 딱 들어맞는 설명이다. 하지만 '표준적' 설명에서는 도대체 왜 실험물리학자들이 흑체복사에 대한 실험을 그토록 열심히 수행했는지에 대해서는 다루지 않는다. 마찬가지로 플랑크의 목적이 진정으로 기존의 두 이론이 가진 문제를 극복하고 실험 현상을 '정확하게' 기술하는 이론을 만들기 위함이었는지도 따져 보지 않는다.

흑체복사에 대한 정밀한 실험적, 이론적 연구가 다른 곳이 아닌 독일의 제국물리기술연구소에서 이루어졌다는 사실은 이 연구가 독일 전기산업의 경쟁력 향상과 깊은 관련이 있었음을 보여 준다. 1887년 근대적 의미에서 최초의 국가연구소로 설립된 제국 물리기술연구소는 그 설립 배경 자체가 산업적이다. 19세기까지도 공공성이나 국가적 중요성이 큰 연구, 혹은 민간이 담당하기 어려운 주제에 대해 국가가 나서서 연구소를 설립하여 관련 연구를 주도해야 한다는 생각은 매우 낯선 것이었다. 단순히 국가 주도 연구의 필요성을 느끼지 못했을 뿐만이 아니라, 국가가 연구비를 지원하면 과학자의 '자유로운' 연구에 제한이 가해지고 궁극적으로 과학의 객관성도 손상될 것이라는 생각이 널리 퍼져 있었다. 19세기 중반까지도 과학 연구를 해서 생계를 유지하는 과학자가 많지 않았기 때문에 과학 연구자 사이에는 일종의 '아마추어리즘'이 당연시되었다. 당시 영국에서는 충분히 부유해서 먹고살 걱정이 없는 '신사 과학자'가 과학 연구를 담당하는 것이 바람직하다는 주장까지 유행했을 정도였다.

하지만 19세기 중반 이후 전기공업이나 화학공업 등을 중심으로 과학기술과 산업의 결합은 빠른 속도로 진행되었다. 그리고 이 과정에서 산업기술의 주도권 경쟁을 벌이던 여러 국가는 기술 표준을 선점하는 것의 중요성과 이를 뒷받침하는 각종 정밀 측정값의 축적에 관심을 기울였다. 예를 들어 독일 산업계에서 막강한 영향력을 발휘하던 전기 기술자 베르너 폰 지멘스Werner von Siemens는 전신 사업에서 표준 저항의 국제 표준을 정하는 문제를 두고 맥스웰 등이 주도하는 영국 물리학자 및 기술자 들과 경쟁하고 있었다. 한편 에디슨으로 대표되는 미국의 조명 산업과 경쟁하는 독일 기업의 경쟁력 확보를 위해서도 각종 물질의 전기적 속성에 대한 엄밀한 측정 기술은 필수적인 '물리기술'이었다.

이런 지멘스의 호소에 당대 최고 권위를 자랑한 생리학자-물리학자 헬름홀츠가 동참하면서 제국물리기술연구소가 설립된 것이다. 당연히 독일의 이런 흐름에 자극받아 영국도 1900년 국립물리연구소를 설립하고 미국도 1901년에 국립표준연구소를 설립했다.

이런 배경하에서 흑체복사에 대한 정밀한 실험은 에디슨의 전구 발명에 크게 영향을 받았다. 미국에 뒤지지 않도록 조명 산업을 발전시키기 위해서는 에너지 효율이 높은 필라멘트 재료를 탐색하고 이것의 전기적 특성을 정확하게 측정하는 작업이 결정적이었기 때문이다. 그래서 흑체복사에 대한 실험적 탐구는 전적으로 '물리기술'적 요구에 따라 이루어졌고 빈이나 플랑크는 이에 대한 이론적 분석을 시도한 것이다.

세계의 근본 원리에 관한 플랑크의 욕망, 그리고 양자물리학

'표준적' 설명의 다른 한계를 이해하려면 플랑크가 1900년 논문을 통해 무엇을 성취하려고 했는지 분명하게 따져 볼 필요가 있다. 그런데 이를 정확하게 파악하려면 플랑크가 이론물리학자로서 어떤 특징을 가진 연구를 해 왔는지를 먼저 알아야 한다.[2] 1858년에 태어난 막스 플랑크는 1900년에는 40대 초반의 물리학자로서 독일 물리학계에서는 이미 상당한 입지를 확보한 소장 학자였다. 하지만 플랑크는 동료 학자의 평가나 스스로의 평가를 고려할 때 '천재형' 물리학자는 아니었던 것으로 보인다. 학부 시절 물리학 쪽으로 진로를 고민하던 플랑크에게 뮌헨대학의 한 물리학자는 물리학에서는 이미 중요한 결과는 다 발견되었고 남은 일은 세부 사항을 채워 넣는 일밖에 없으니 차라리 수학을 전공으로 택하라고 권했다. 이에 대해 플랑크는 자신은 물리학에서 새로운 것을 발견하겠다는 야심은 없고 단지 기존에 알려진 물리학의 '근본'을 이해하고 싶다고 답했다.

이 답변에는 이론물리학자로서의 플랑크의 특징이 잘 드러난다. 그는 남보다 먼저 새로운 것을 발견하려는 숨 가쁜 경쟁보다는 이미 알려진 공식이더라도 물리학의 근본 원리에서 정확하게 유도하는 방법을 중요시했다. 그리고 플랑크에게 물리학의 근본 원리란 세계가 구체적으로 어떻게 구성되어 있는지(예를 들어 물질이 원자라는 기본 단위로 구성되어 있는지 혹은 연속체인지) 같은 문제에 대한 세부적인 답을 초월한 보편 원리를 의미했다. 따라서 그가 자신의 학창 시절 새롭게 등장한 열역학에 심취한 것은 어찌 보면 너무나 자연스러웠다. 1879년 취득한 플랑크의 박사학위 논문도 열역학 제2법칙을 다룬 것이었고 열역학에 대한 그의 강의는 베를린대학에서 명강의로 명성이 높아 베스트셀러 교과서로 여러 번 출간되기도 했다.[3]

플랑크는 클라우지우스의 추상적 열역학에 매혹되었고 나중에 생각을 바꾸긴 했지만 적어도 1900년까지는 루트비히 볼츠만 Ludwig Boltzmann의 통계역학적 접근에 대해 회의적이거나 적어도 최종 판단은 유보하는 태도를 취했다. 그는 물질이나 에너지의 구체적 존재 양태와 거동 방식에 대한 역학이나 전자기학의 주장이, 후속 연구를 통해 바뀌더라도 여전히 타당할 수 있는 열역학적 분석을 추구했다.

그러므로 플랑크가 흑체복사 현상에 대한 이론물리학적 탐색에서 추구했던 것은 실험 결과를 설명하는 식 자체가 아니라 그 식을 물리학의 근본 이론, 즉 열역학에서 엄밀하게 유도하는 일이었다. 빈의 공식은 빈이 1897년 제국물리기술연구소를 떠나기 전까지 수집한 흑체복사 실험 결과와 잘 맞아떨어졌다. 그래서 플랑크는 빈의 공식을 받아들이고 이를 열역학에서 엄밀하게 유도하려고 노력했고 그 결과 1899년 유도에 성공했다.

하지만 1900년 여름, 제국물리기술연구소에서 그 사이에 이루어진 추가적 실험을 통해 저주파 영역에서 빈의 공식이 잘 맞지 않는다는 점이 밝혀졌다. 이에 플랑크는 에너지 조화진동자har-monic oscillator에 엔트로피를 다른 방식으로 부여함으로써 이 문제를 해결하려고 노력했고 그 결과가 1900년의 논문으로 결실을 맺었다. 반면 빈은 자신이 베를린으로 떠난 다음에 이루어진 실험 결과에 오류가 있었을 것이라고 믿고 자신의 공식을 고집하는 과오를 범했다.

한편 레일리-진스 공식은 플랑크의 이론적 연구에 아무런 영향을 끼치지 않았다. 일단 그 공식의 가정, 즉 에너지가 모든 진동수에 골고루 분배된다는 가정 자체를 플랑크는 물리학적으로 타당하지 않다고 생각했기에 레일리-진스 공식은 아예 고려하지도 않았다. 게다가 레일리와 진스조차 자신들의 연구 결과가 플랑크가 관심을 갖는 방식으로 '보편성'을 갖는다고 생각하지 않았다. 레일리-진스 공식과 플랑크의 1900년 논문 사이의 연관성은

1911년에 에렌페스트가 초기 양자 이론 연구사를 개념적으로 재구성하면서 처음 언급한 것이다.

이런 점을 고려할 때 플랑크가 1900년 논문에서 우리가 이해하는 방식으로 양자물리학의 양자 가설을 제시했다고 보기는 어렵다. 플랑크 스스로가 자신이 사용한 에너지 양자화 가정이 정확히 무엇을 의미하는지에 대해 분명하게 확신하지 못했다는 점은 여러 문헌 자료를 통해 입증되기 때문이다. 이 점을 들어 토마스 쿤과 같은 과학사학자-과학철학자는 플랑크의 1900년 논문이 아니라 에너지 양자화가 갖는 물리학적 의미를 제시한 에렌페스트의 1908년 논문에서 양자물리학이 탄생했다고 보아야 한다고 강력히 주장하기도 했다.

하지만 과학사학자 사이에서도 플랑크가 1900년에는 철저하게 고전물리학의 패러다임에 갇혀 에너지의 양자화를 단순한 계산 도구 이상으로 생각하지 않았다는 쿤의 주장에 이견을 갖는 사람도 많다. 예를 들어 프랑스 과학사학자 다리골은 플랑크가 1900년에 훗날 에렌페스트가 이해한 것처럼 명쾌하게 에너지 양자화의 물리적 의미를 이해한 것은 아니지만 자신의 이론적 가정이 갖는 물리적 의미에 대해 꾸준히 고민했고 그 과정에서 아인슈타인이 양자물리학 논문을 쓸 수 있는 밑거름을 제공했다고 지적한다. 다리골은 이런 의미에서 아인슈타인을 양자물리학의 진정한 출발점으로 본다.

아이러니한 점은 플랑크를 양자물리학의 시조로 볼 것인지 아인슈타인을 시조로 볼 것인지의 쟁점과 무관하게, 두 물리학자 모두 양자물리학이 발전하는 양상에 심각한 회의를 느꼈으며 궁극적으로 고전물리학에 의해(플랑크) 혹은 더 완전한 물리학에 의해(아인슈타인) 양자물리학이 한층 만족스러운 방식으로 설명되기를 기대했다는 사실이다. 양자물리학의 태동에 결정적인 기여를 하고서도 결국에는 양자물리학에 대해 비판적인 태도를 견지한 두 사람의 태도는 두 사람이 모두 근본적인 원리 이론의 중요성을 강조했기에 어쩌면 자연스러운 선택이었을지 모른다.

이상의 논의는 플랑크의 1900년 논문에 대한 물리학 교과서의 '표준적' 설명을 거짓으로 만드는 것은 아니다. 플랑크의 논문이 양자물리학의 역사에서 중요한 기여를 했으며 이후의 물리학 발전에 지대한 영향을 끼쳤음은 논란의 여지가 없다. 단지 플랑크 연구의 배경에 인과적으로 중요한 역할을 한 두 요소, 즉 산업과학기술 연구의 역할과 근본 이론으로서의 열역학의 중요성이 간과되었을 뿐이다. 이 두 요소를 배제한 '표준적' 설명으로 공부한다고 해서 미래 물리학자가 될 학문 후속 세대의 물리학 이해에 문제가 생기는 것은 아니다. 오히려 쿤이 지적했듯이 1900년도에 동료 물리학자들이 플랑크 논문을 어떻게 이해했는지를 파악하는 것보다는 21세기 현대 물리학의 관점에서 플랑크의 논문이 갖는 이론적 함의를 정확하게 파악하는 것이 현대 물리학의 패러다임하에서 물리학자로 활동하는 데 도움이 될 수도 있다. 이런 점을 고려할 때 플랑크의 1900년 혁명적 논문에 대한 '표준적' 설명은 물리학 교육을 위해서는 충분히 좋은 설명이다.

하지만 그럼에도 '표준적' 설명에 문제가 없는 것은 아니다. 우선 이런 설명은 학문 후속 세대에게 물리학 연구가 실험과 이론의 '주고받기' 식으로 발전할 뿐 물리학자가 사는 사회 외부의 영향과는 무관하다는 '순수주의적' 사고를 부당하게 심어줄 수 있다. 이에 더해 진짜 물리학 연구 과정에서는 이후의 이론적 정리 과정에서는 별다른 의미를 찾기 어려운 다양한 요인들이 영향을 미친다는, 즉 물리학 '연구'와 나중에 정리된 물리학 '지식' 사이에는 중요한 차이가 수없이 많다는 사실이 간과될 수 있다. 이는 물리학자의 물리학 '연구 능력'에는 직접적인 해가 되진 않겠지만 물리학자가 물리학을 바라보는 메타적 관점에는 상당한 왜곡을 가져올 수 있다는 시사점을 갖는다.

6장

볼츠만의 자살

1906년 9월

62세의 물리학자가 부인과 딸과 함께 휴가차 아드리아해에 닿은 휴양 도시 두이노에 들렀다. 북아드리아해의 아름다운 풍광 속에서 가족이 행복한 시간을 보내는 사이, 물리학자는 오랜 시간 그를 괴롭힌 우울증으로 스스로 세상과 작별을 고할 준비를 했다. 1906년 9월 5일, 오스트리아 출신의 이론물리학자 루트비히 볼츠만은 스스로 생을 마감했다.

볼츠만의 죽음이 언급될 때면 종종 '악당'으로 소환되는 인물이 에른스트 마흐Ernst Mach이다. 빈대학 교수였던 마흐는 귀납과학의 역사와 철학을 가르치며 고전역학을 비판해 왔고 철저한 경험주의에 근거하여 원자의 실재성을 부정했다. 원자론자인 볼츠만은 마흐와 심각한 갈등 관계에 놓였으며 누적된 갈등과 이로 인한 피로가 그를 죽음으로 이끌었다는 것이다. 원자의 실재를 부정하는 것이 볼츠만에게는 그만큼 심각한 일이었을까? 볼츠만의 세계를 이해하기 위해서는 19세기 물리학자의 세계를 들여다볼 필요가 있다.

19세기 물리학자는 세계를 어떻게 보았는가

19세기 물리학자의 세계는 역학적 세계관mechanical world view 혹은 기계적 세계관으로 표현된다. 역학적 세계관은 모든 물리 현상을 입자의 운동으로 설명할 수 있다는 입장으로, 모든 열 현상을 기체를 구성하는 입자의 운동으로 설명하는 기체 분자 운동론이 대표적인 예이다. 때로는 원자로, 때로는 미립자corpuscle나 분자 molecule로 명칭은 달랐지만 19세기 역학적 세계관에서 보는 입자는 화학자가 말하는 원자와는 달랐다. 물질마다 다르지도 않고 물질의 기본 단위라는 생각도 강하지 않았다. 현대에서 보는 원자와 달리 내부 구조에 대한 정교한 논의도 진지하게 이루어지지 않았다. 그저 역학적 충돌 법칙을 따르는 탄성을 지닌 입자면 족했다. 19세기 물리학자의 원자에 대한 생각이 정교하지 않았다는 점에서 그들을 원자론자라고 부르는 것이 마땅한지 고민이 되지만 한 가지 확실한 것은 그들 물리학자의 머릿속에서 입자/원자는 물리 세계를 구성하는 가장 기본적인 구성 요건에 해당했다는 것이다.

역학적 세계관의 다른 버전은 'mechanical'의 두 번째 번역어에 해당하는 기계적 세계관이다. 19세기 물리학자는 톱니바퀴, 나사, 크랭크 같은 기계를 사용하여 물리 현상의 메커니즘을 구현하는 모형을 제작했다. 대표적으로 맥스웰은 유동 바퀴 모형을 고안하여 전기와 자기의 상호 작용을 설명했고 이 모형을 이용하여 변

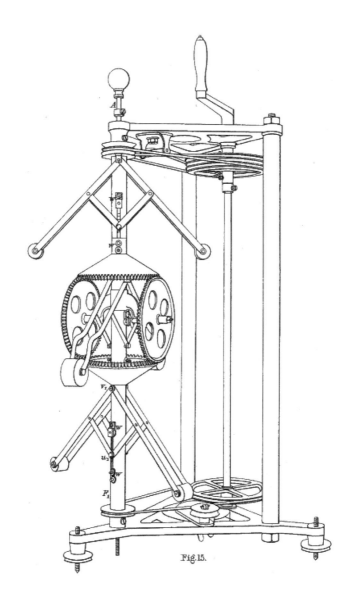

Fig. 15.

그림 6.1 맥스웰 이론에서 전기 회로 간의 유도를 설명하기 위해 볼츠만이 제작한 기계 모형.

위 전류를 발견하기까지 했다. 톰슨은 물리적 메커니즘에 대한 기계적 모형을 만들지 못하면 그것을 이해한 것이 아니라고 할 정도로 기계적 모형 만들기의 중요성을 강조했다. 볼츠만도 이런 기계적 모형 만들기에 익숙했고 능했다. 일례로 1891년 볼츠만은 맥스웰 전자기 이론의 강의를 위해 작동 기계 모형을 제작하여 전기 회로 간의 유도 작용을 설명하는 데 이용했다(그림 6.1).

　역학적, 기계적 세계관은 당시 물리학자의 물리적 실재에 대한 관념을 형성하는 데 지대한 영향을 끼쳤다. 기계적 모형을 만든 물리학자는 물리적 실재와 기계적 모형 사이의 유비를 강조했고 기계적 모형의 작동 방식을 통해 물리적 실재에서 일어나는 작동 방식을 모방해서 구현하려고 했다. 하지만 그렇다고 기계적 모형이 물리적 실재를 표상하는 것은 아니라고 선을 그었다. 물리 현상의 메커니즘은 다양한 방식으로 일어날 수 있고 그중 어떤 것이 진짜인지는 알 수 없기 때문에 가능한 메커니즘 중 한두 가지 정도를 기계적 모형으로 구현해 본다는 입장이었다. 어찌 보면 이렇게 물리적 실재가 무엇인지에 대한 유보적인, 때로는 불가지론에 가까운 입장 덕분에 19세기 물리학자는 물리 현상에 대한 기계적 모형을 자유롭게 장난감 다루듯이 만들었던 것인지도 모르겠다.

볼츠만의 죽음, 19세기의 장례식

볼츠만은 19세기 역학적, 기계적 세계관의 모범생이라 할 수 있다. 볼츠만은 물리 세계를 입자의 운동으로 보는 입장 아래, 맥스웰의 기체 분자의 속도 분포 함수에 열광하고 이를 보편적 법칙으로 끌어올리는 일에 전력을 다했다. 그는 단원자 기체 분자에 국한된 맥스웰 속도 분포 함수를 다원자 분자로까지 확장해 속도 분포 함수의 보편성을 이끌어 냈다. 또한 볼츠만은 기체 분자의 속도가 초기에 어떤 상태에 놓여 있든 간에 시간이 흘러 열평형 상태에 이르면 기체 분자의 속도는 맥스웰 분포 함수를 따르게 되며 다른 방식의 속도 분포는 불가능하다는 사실을 입증했다.

이처럼 초기 상태에 상관없이 모든 기체 분자의 속도 분포 함수가 결국에는 맥스웰 속도 분포 함수를 따른다는 것을 보이는 과정에서 볼츠만은 의도치 않게 열 현상이 비가역적 과정이라는 점을 드러냈다. 어떤 상태에 있든 기체 분자의 속도는 결국 맥스웰 속도 분포 함수를 따르는 상태로 귀결되며, 일단 그 상태에 도달하면 다른 상태로의 변화는 일어나지 않기 때문에 열 현상은 한 방향으로만 일어나야 했다. 이런 비가역성은 역학적 세계관에서 우선시 되는 역학 법칙과 충돌했다. 역학 법칙은 시간에 대해 대칭적이기 때문에 한 방향으로의 역학적 변화가 가능하다면 그것을 시간상 반대로 돌린 반대 방향으로의 역학적 변화도 가능해야 하는데 열평형 상태에서 맥스웰 속도 분포 함수에 이르면 다른 상태로의 변화는 불가능하다는 귀결은 이와 충돌했다.

볼츠만은 역학 법칙과 열역학 제2법칙의 화해를 위해 확률적 해석을 끌어냈는데 여기에도 역학적 세계관이 중요하게 작용했다. 볼츠만은 이것을 역학 법칙의 문제가 아니라 물리계의 초기 상태에 관한 문제로 규정함으로써 역학 법칙을 구했다. 그는 열평형 상태로 도달하는 과정에서 엔트로피가 감소하는 방향으로 가는 기체 분자의 초기 상태가 존재할 수도 있지만, 이런 초기 상태에 있을 확률이 매우 낮고 그에 비해 엔트로피가 증가하는 방향으로 가는 초기 상태의 확률은 엄청나게 크다고 해석했다. 1877년 볼츠만은 이 생각을 분자가 다양한 상태에 놓일 확률을 계산하는 방식으로 바꾸어 분자 상태는 존재할 가능성이 낮은 상태에서 좀 더 높은 상태로, 즉 존재할 확률이 높은 상태로 변한다는 것을 보였다. 이렇게 함으로써 볼츠만은 열역학 제2법칙을 확률적으로 해석했는데 이런 해석에서 볼츠만의 머릿속에는 항상 공간을 움직이는 입자와 입자의 배치, 속도가 그려져 있었다.

볼츠만처럼 역학적 세계관을 가진 물리학자에게 마흐의 비판은 어떻게 다가왔을까? 마흐는 원자의 실재를 부정했다. 아니, 부정보다는 유보라는 입장이 더 적합할 것 같다. 원자는 경험으로 입증되지 않아 실재성이 확인되지 않았으므로 그 존재에 대해서는 부정도 긍정도 하지 않는 입장이었다. 이런 마흐의 비판은 볼츠만과 같은 역학적 세계관에 속하는 물리학자에게는 당혹스러웠을 것이다. 이들에게 운동하는 원자는 의문의 여지가 없는 당연한 존재였고, 그것으로 그동안 수많은 물리 현상을 훌륭히 설명해 왔다. 그 훌륭한 설명만으로도 원자의 존재는 입증되었다고 단언할 수 있지 않겠는가. 그보다 더 당혹스러운 점은 이런 질문은 역학적 세계관에서는 제기되지 않은 새로운 종류의 질문이라는 사실에 있었을 것이다. 입자와 역학적 운동만 제외하면 역학적 세계관에서는 물리적 실재에 대해 질문을 던지지 않았다. 물리적 실재에 대한 강한 믿음이 있어서가 아니라 물리적 실재가 무엇인지 알기 힘들다는 입장이 그런 질문을 막은 것이다. 전혀 다른 종류의 질문에 당면한 물리학자의 답변은 그 질문을 던진 마흐에 비해 세련되지도 정교하지도 않았을 것이다. 젊은 물리학자들은 마흐에게 열광했다.

1906년 볼츠만의 죽음은 19세기에 번성한, 역학적 세계관에 바탕을 둔 물리 세계의 붕괴를 상징하는 것이라 할 수 있다. 그렇다면 결국 볼츠만의 죽음은 마흐의 원자론 공격 때문이었다는 말인가? 볼츠만이 죽기 한해 전, 아인슈타인이 브라운 운동 논문을 통해 원자의 존재를 증명했는데 볼츠만은 그것도 모르고 죽었을까? 개인의 사정을 알 수는 없지만 대학 교수직에서 기인했을 과도한 업무 부담감, 과학적 논쟁에서 쌓인 피로감 등도 그의 정신 건강과 육체 건강을 악화하는 데 영향을 미쳤을 것으로 짐작된다.

이에 더해 그의 물리 세계, 그 세계를 지탱하는 역학적 세계관의 쇠퇴를 목도하는 것도 볼츠만에게는 깊은 슬픔으로 다가오지 않았을까. 젊은 세대의 물리학자들은 더 이상 기계적 모형을 만들지 않았고 기계적 유비를 통해 물리 현상을 이해하지도 않았다. 볼츠만이 입자와 그 운동, 그것의 속도 분포라는 미시적 메커니즘을 통해 열역학을 일구고 열역학의 세상을 그려냈음에도 아인슈타인 같은 신세대 물리학자는 미시적 세계에 대한 가설 없이 온도와 열량과 같은 거시적 물리량들의 관계만으로 이루어졌다는 점에서 열역학의 아름다움을 칭송했다. 이런 점에서 1906년 볼츠만의 죽음은 19세기에 번성한 역학적 세계관이라는 물리 세계의 붕괴를 상징하는 것이라 할 수 있다.

7장

소르본 스캔들

1911년 파리

1911년 11월 4일, 스캔들 기사가 프랑스 신문《르 주르날Le Jour-nal》을 장식했다. 스캔들의 주인공은 마리 퀴리Marie Curie와 동료 물리학자 폴 랑주뱅Paul Langevin. 11월 23일 또 다른 신문에 난 '소르본 스캔들'이라는 제하의 기사에는 랑주뱅의 이혼을 종용하는 마리 퀴리의 연서까지 등장했다. 노벨 물리학상에 빛나는 여성 과학자와 유부남 남성 과학자의 스캔들은 프랑스 과학계를 넘어 프랑스 사회 전반을 흔들었다.

이 사건이 일어나기 직전, 마리 퀴리는 1911년 노벨 화학상 수상자로 선정되어 12월 시상식을 앞둔 상황이었다. 1901년 노벨상이 생긴 이래 최초의 2회 수상자가 나오려는 영광스러운 순간이 스캔들로 얼룩지려 하고 있었다.

자랑스러운 과학자에서 간교한 여자로

마리 퀴리의 첫 노벨상은 1903년 노벨 물리학상이었다. 이때는 방사능 현상을 발견한 앙리 베크렐Henri Becquerel이 2분의 1, 방사능 특성을 연구한 피에르 퀴리Pierre Curie와 마리 퀴리가 각각 4분의 1로 나눠 수상했다. 마리 퀴리의 방사능 연구는 우라늄에 한정된 앙리 베크렐의 방사능 연구를 확장하는 성격을 띠었다. 마리 퀴리는 여러 종류의 광물로 범위를 확장하여 우라늄 이외에 방사능을 방출하는 광물이 있는지를 탐색했고 그 결과 방사능이 우라늄에서만 나타나는 현상이 아닌 자연의 보편적 현상이라는 것을 알아냈다. 방사선이 전기적 성질과 물질 투과도 등에서 차이가 나는 알파(α), 베타(β), 감마(γ) 광선이라는 점을 밝혀낸 것도 마리 퀴리와 피에르 퀴리의 공이었다.

마리 퀴리는 정성적 성격이 강했던 방사능 연구를 정량화하는 데 공헌했다. 초기 방사능 연구자는 방사선이 주변 공기를 대전하는 성질이 있다는 점에 착안하여 주변 공기가 대전되는 정도를 측정하여 방사능의 세기를 결정했다. 앙리 베크렐은 금박검전기로 이를 측정했는데 정밀도와 정확도가 현저히 낮았다. 이에 비해 마리 퀴리는 수정압전검전기를 사용했다. 수정에 압력을 가하면 수정의 결정 구조가 변하면서 전기가 흐르는 압전 현상이 나타나는데 이 현상을 발견한 피에르 퀴리와 형 자크 퀴리Jacques Curie는 이를 이용하여 미세한 전류도 검출할 수 있는 수정압전검전기를 발명했다. 마리 퀴리는 방사능 물질이 주변 공기를 대전해 발생하는 전류와 수정압전검전기에서 발생하는 전류를 서로 상쇄시키는 방법을 이용하여 방사능 물질에서 나오는 미세한 전류를 측정할 수 있었다.

라듐 원소의 분리 및 그 특성 연구에 주어진 1911년 노벨 화학상도 수정압전검전기와 관련이 있었다. 마리 퀴리는 라듐이 포함된 광석을 화학 용매에 녹여 분리한 후에 방사능 물질이 더 많이 포함된 부분을 찾는 작업에 수정압전검전기를 이용했다. 이렇게 해서 방사능이 강한 부분을 골라낸 후에 분별결정으로 농축하고 다시 방사능이 강한 부분을 찾아내는 과정을 반복하여 라듐을 분리할 수 있었다. 정밀한 수정압전검전기를 가지고 마리 퀴리는 화학 원소 분리에 방사능이라는 물리적 특성을 도입했고 물리와 화학이 결합된 방사화학이라는 새 분야를 창시한 것이다.

방사화학 분야의 탄생을 축하하는 노벨 화학상 시상식이 열리기 직전에 터진 소르본 스캔들의 후폭풍은 대단했다. 프랑스의 우파 언론은 이 스캔들을 애국의 프레임으로 재단했다. 프랑스에 노벨 물리학상을 안겨 준 자랑스러운 프랑스인 마리 퀴리는 지워지고 그 자리에 폴란드인 마리아 스크워도프스카Maria Sklodowska를 불러왔다. 우파 언론은 이 외국인 여성에게 불륜의 부도덕함보다 프랑스 여성의 출산을 막으려고 했다는 책임을 더 무겁게 물었다. 비스마르크의 프로이센에 패했던 프랑스에서는 출산율 감소를 국방력 약화와 연결했다. 부인과의 사이에서 더 이상 아이를 갖지 말라는 마리 퀴리의 조언은 프랑스 국방력을 허무는 외국인 여성의 간교한 꼬임으로 비난받았다. 마리 퀴리의 집 앞은 기자로 북적여 가족은 다른 곳으로 피신해야 했고 마리 퀴리의 두 딸은 친구들에게 간첩이라는 비난을 들어야 했다. 랑주뱅과 마리 퀴리 모두 초청받은 솔베이 회의는 둘의 밀월 여행으로 오해받기도 했다.

뒤늦게 스캔들을 전해 들은 노벨위원회는 마리 퀴리에게 노벨상 수상을 알아서 사양해 달라고 편지를 보냈다. 노벨상은 연구 업적에 주는 상이고 연구와 사생활은 별개의 문제라는 마리 퀴리의 대답이 돌아왔다. 같은 해 열린 노벨상 시상식에 마리 퀴리는 평소와는 다른 화려한 모습으로 참석했지만 그 후로도 심신의 고통으로 힘든 시간을 보내야 했다. 우울증과 신장 질환으로 한동안 연구는 중단되었다. 회복한 후에도 본격적인 연구에 착수하기보다는 라듐연구소를 설립하는 데 노력을 기울였다.

스캔들이 바꾼 마리 퀴리의 운명

1차 세계대전은 소르본 스캔들로 인한 타격을 만회할 기회가 되었다. 그렇다고 그 기회가 방사능 연구에서 오지는 않았다. 전쟁이 발발하자 프랑스 정부는 라듐연구소에 보관하고 있던 마리 퀴리 소유의 라듐을 국가 자산으로 설정하고 안전을 위해 보르도 지방으로 옮겨놓도록 했기에 방사능 연구는 지속되기 어려웠다. 그 대신 마리 퀴리는 프랑스의 승리에 기여할 수 있는 일을 찾았다. 소르본 스캔들에서 제기됐던 비애국적 외국인의 혐의를 벗을 수 있는 기회였다. 마침 친한 방사선 의사에게서 전장에는 X선 장비가 부족하다는 이야기를 듣자 마리 퀴리는 프랑스의 승리를 위해 자신이 해야 할 일을 결정했다.

그림 7.1 마리 퀴리와 이동 X선 장비.

마리 퀴리는 특유의 실행력을 발휘하여 의료용 X선 설비를 마련하는 일에 나섰다. 특히 전선에서 부상병에게 즉시 사용할 수 있도록 X선 진단기를 실은 이동용 차량을 만드는 일에 주력했다. 진공관을 마련하고 X선 사진을 찍을 건판을 준비하는 일과 함께 X선 설비에 전력을 공급하기 위해 차량 모터에서 전기를 공급할 방법을 찾아냈다. 적십자사와 여러 단체에게 도움을 구하고 재원을 마련하는 일도 마리 퀴리의 업무 목록을 채웠다. 이렇게 해서 18대의 X선 진단 이동 차량을 마련했다.

하지만 일이 순조롭게만 진행되지는 않았다. X선 진단 없이 수술을 해 오던 의료진에게 X선 진단의 필요성을 설득하기까지 많은 노력이 필요했다. X선 진단 차량을 전선 깊숙이 보내기 위해 군에 그 중요성 역시 설득해야 했지만 의료진의 지지가 없는 상황 속에서 이는 더욱 어려운 일이었다. 겨우 차량 한 대를 전선으로 들여 보낼 수 있다는 허가를 받았을 때조차도 여성의 전선 출입을 막는다는 규정에 의해 마리 퀴리는 이동 X선 장비와 함께할 수 없었다.

  마리 퀴리의 노력은 결국 인정을 받았다. 이동 X선 차량은 '작은 퀴리'라는 애칭을 얻고 프랑스인의 사랑을 받았다. 군에서는 마리 퀴리에게 X선 진단 인력의 교육을 의뢰했다. 군 자원자를 대상으로 하던 X선 기술자 양성은 여성 간호사로 그 대상이 바뀌어 지속되었고 마리 퀴리는 자신이 배출해 낸 여성 X선 전문 인력에 자부심을 가졌다. 그가 자부심을 표한 여성 중에는 딸인 이렌 퀴리Irene Curie도 포함되어 있었다. 17~18세에 불과했던 이렌 퀴리는 X선 인력 교육에 적극적으로 나섰다. 여담이지만 마리 퀴리가 이렇게 X선을 비롯한 방사능의 의학적 효과를 목격한 만큼 그는 방사능이 인체에 해로운 영향을 미친다는 사실을 받아들이지 못했다. 산업계에서 라듐을 처리하던 여공들이 피폭으로 인해 고통받으면서 방사능의 피폭 효과가 보고되었지만 마리 퀴리는 끝까지 이를 부정했다.

  소르본 스캔들로 중단되었던 마리 퀴리의 연구는 1차 세계대전 속에서 방사능의 의학적 이용으로 방향을 돌리게 되었다. 그 덕분에 소르본 스캔들에서 마리 퀴리를 향해 쏟아졌던 외국인 혐오증은 사라지고 마리 퀴리는 다시 연구자로서 인정받을 수 있었다. 1995년 마리 퀴리는 피에르 퀴리와 함께 프랑스 위인이 묻힌 팡테옹에 안장되었다.

8장

헨리에타 리비트가
변광성의 비밀을 밝혔을 때

1912년

1912년 3월 3일,《하버드천문대회보Harvard Collgege Observatory Circular》에는 소마젤란 성운에 속한 25개의 세페이드 변광성의 주기에 관한 논문이 발표되었다. 변광성은 별의 밝기가 변하는 항성인데 그중에서도 세페이드 변광성은 밝아졌다 어두워질 때까지의 주기가 심장 박동처럼 일정한 맥동 변광성이었다. 이런 밝기 변화는 별의 진화가 막바지에 이르면서 중력에 의한 수축과 복사 에너지에 의한 팽창 사이의 균형이 깨져 팽창과 수축이 반복되면서 나타났다. 별이 수축하면 내부의 핵융합이 활발해져 더 밝게 보이고, 팽창하면 어두워지는 과정이 반복되면서 생기는 광도 변화였다.

하버드 천문대에서 발표한 논문에서는 소마젤란 성운의 세페이드 변광성 관찰 결과 변광성의 광도가 클수록 변광 주기도 길게 나타난다는 주기-광도 법칙을 주장했다. 이 논문은 하버드 천문대장이었던 에드워드 피커링Edward C. Pickering과의 공동 저작으로 출판되었지만 논문에는 첫 줄부터 진짜 저자가 누구인지 명시되어 있었다. "소마젤란 성운에 포함된 25개의 변광성에 관한 다음의 주장은 리비트 양이 준비한 것입니다." 변광성의 비밀을 밝혀 별의 거리를 계산할 수 있는 지표를 확립한 사람은 하버드 천문대의 여성 계산원 헨리에타 스완 리비트Henrietta Swan Leavitt였다.

헨리에타 리비트와 '컴퓨터'의 유래

별의 밝기를 나타내는 겉보기 등급은 가장 밝은 별을 1등급으로, 가장 어두운 별을 6등급으로 별의 광도를 표시하지만 이 등급이 별의 절대적 밝기를 의미하는 것은 아니다. 겉보기 등급에는 지구에서 별까지의 거리가 반영되지 않기 때문이다. 절대적 밝기가 같더라도 멀리 있는 별은 가까운 별보다 어둡게 보일 테지만 겉보기 등급에서는 이를 고려하지 않는다. 아니, 고려하지 못한다고 하는 말이 더 정확한데 별까지의 거리를 측정할 수도, 계산할 수도 없었기에 겉보기 등급에 만족할 수밖에 없었다. 연주시차 측정이 가능해진 뒤에는 100파섹parsec 정도로 가까운 별의 거리를 측정할 수 있게 되었지만 그보다 멀어지면 연주시차 값이 너무 작아서 거리를 측정할 수 없다. 별의 거리를 모르는 상태에서 겉보기 등급만 가지고 별에 대해 유추하는 데에는 한계가 있었다.

리비트가 발견한 변광성의 주기-광도 법칙은 겉보기 등급이

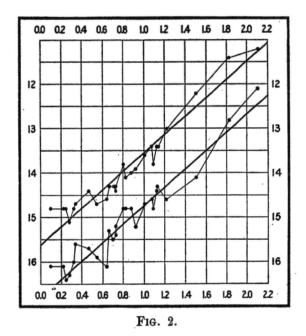

FIG. 2.

그림 8.1 리비트의 1912년 논문에 있는 도표. 가로축은 세페이드 변광성 주기의 로그값이고 세로축은 세페이드 변광성의 겉보기 등급이다. 선은 각각 별의 최소 밝기와 최대 밝기에 해당하는 점을 연결한 것이다.

가진 이런 한계를 극복했다는 점에서 그 의의를 찾을 수 있다. 물론 리비트도 변광성의 절대 등급을 측정한 것은 아니다. 하지만 리비트는 소마젤란 성운에 속한 25개 변광성의 겉보기 등급 간의 관계가 절대 등급 간의 관계와 다를 바 없다는 점을 깨달았다. 별 광도의 절대 등급은 이론상 모든 별을 지구로부터 같은 거리에 가져다 놓고 밝기를 비교함으로써 얻을 수 있는 값이다. 리비트가 관찰한 25개 변광성은 모두 소마젤란 성운에 위치해 있으므로 성운 내에서의 미미한 위치 차이를 무시하면 모두 지구로부터의 거리가 같다는 전제하에서 별들의 밝기를 비교할 수 있었다. 25개 변광성 각각의 겉보기 등급 간의 밝기 비율이 절대 등급 간의 밝기 비율로 환원될 수 있는 것이다.

이로부터 리비트는 소마젤란 성운에 있는 25개 변광성 주기의 로그값이 별 등급의 중간값, 즉 최대 등급과 최소 등급의 중간값에 비례한다는 주기-광도 법칙을 밝혀냈다. 이 법칙은 변광성 사이의 거리비를 계산할 수 있는 출발점이 되었다. 이 법칙에 따르면 주기가 같은 두 개의 변광성은 절대 등급이 같아야 하지만 그 중 하나가 더 멀리 있다면 그 변광성의 겉보기 등급은 낮아질 수밖에 없다. 빛의 광도가 거리의 제곱에 반비례하는 관계에 따라 멀리 있는 변광성이 가까이 있는 변광성에 비해 4배 어둡다면 지구에서 두 변광성 사이의 거리비는 2:1이 된다. 이 중 한 변광성이 지구에서 얼마나 떨어져 있는지 절대 거리를 알 수 있다면 이로부터 다른 변광성의 거리도 알아낼 수 있다.

리비트의 법칙이 별의 거리 측정과 연결된다는 점을 알아챈 사람은 덴마크의 아이나르 헤르츠스프룽Ejnar Hertzsprung이었다. 1913년 헤르츠스프룽은 우리은하에 포함된 세페이드 변광성 13개의 연주시차를 측정하여 변광성들의 거리를 알아냈다. 이제 변광성의 거리 기준값이 고정된 것이다. 헤르츠스프룽은 이 거리 기준값과 리비트가 알아낸 소마젤란 성운의 변광성 주기, 광도값을 가지고 소마젤란 성운까지의 거리를 계산했다. 그 결과 소마젤란 성운은 우리은하에서 3만 광년 떨어져 있다는 사실이 밝혀졌다. 우주에 있는 대부분의 은하와 성단에는 변광성이 포함되어 있어서 이제 변광성만 관찰하면 천체들의 거리 계산이 가능해졌다. 그 시작에 하버드 천문대의 리비트가 있었다.

리비트는 하버드 천문대장 피커링이 뽑은 수십 명의 여성 '컴퓨터' 중 한 명이었다. 1881년 피커링은 천체물리학자로서는 처음으로 하버드 천문대의 천문대장이 되었다. 어느 날 남자 조수의 비효율적인 업무 처리에 화가 난 피커링은 여자도 그보다는 낫겠다며 가사 도우미였던 윌라미나 플레밍Williamina P. Fleming에게 복사와 계산 업무를 맡겼다. 플레밍은 피커링의 말을 입증했다. 이후 플레밍을 시작으로 1885년~1900년 사이에 스무명의 여성 컴퓨터가 하버드 천문대에 들어왔다. 리비트도 그중 한 명이었는데 래드클리프칼리지에서 천문학을 공부한 리비트는 1895년 피커링의 팀에 무보수 조수로 입사했다.

피커링이 다수의 여성 천문학자를 고용한 것은 천체물리학자로서 항성분광학stellar spectroscopy이라는 신생 분야의 연구를 시작한 일과 관련이 깊다. 피커링은 망원경의 대물렌즈 앞에 프리즘을 달아 렌즈로 들어오는 별빛을 분산해 그 가시광선 스펙트럼을 사진 건판에 찍는 방식으로 별의 데이터를 모으는 '대물프리즘objective-prism' 방법을 사용했다. 피커링은 렌즈와 프리즘을 개선해 스펙트럼의 폭을 4분의 1인치에서 5인치까지 늘렸고 사진 건판 하나에 동시에 수백 개의 스펙트럼을 찍어낼 정도까지 분광학 촬영술을 발전시켰다. 사진 건판이 늘어날 때마다 분류해야하는 별빛 스펙트럼은 몇백 개씩 증가했지만 남성 천문학자는 이일에 뛰어들지 않았다. 당시 천문학에서 주류는 여전히 망원경을 이용한 관측천문학이었는데 미국 여기저기에 최첨단 망원경을 갖춘 천문대가 문을 열면서 능력 있는 천문학자들은 그리로 자리를 옮겼다. 이와 같은 상황이 여성에게 하버드 천문대의 문을 열어 주었지만 여성의 임무는 주로 별빛 스펙트럼 분류에 집중되어 있었다.

성별의 분업, 위계의 전복

래드클리프칼리지를 졸업한 리비트나 애니 점프 캐넌Annie Jump Cannon도 별빛 스펙트럼 분류 작업에 투입되었지만 이들의 작업은 하버드의 다른 여성들과는 조금 차이가 있었다. 피커링은 캐넌에게 망원경을 다루는 일을 맡겨서 남성 천문학자의 영역에 그의 자리를 마련해 줬고 리비트에게는 사진 건판을 해석하는 일과 변광성 연구를 맡겼다.

리비트는 천문대 사진사인 에드워드 킹의 도움을 받아 변광성을 찾아내는 매우 효과적인 방법을 개발했다. 그것은 바로 음화negative 사진 건판 위에 동일한 사진의 양화positive 사진을 겹쳐 비교하는 것이었다. 음화 사진 건판에서 검게 찍힌 별이 양화 사진에서는 하얗게 나왔다. 두 사진 건판을 포개 놓으면 음화 사진의 검은 부분과 양화 사진의 흰 부분이 서로 포개져 상쇄되어 이미지가 사라진다. 하지만 변광성처럼 광도가 변하는 물체는 두 사진 건판을 겹쳐 놓아도 이미지가 완전히 상쇄되지 않고 그 흔적이 나타난다. 이 방법을 사용하여 리비트는 첫 두 달 동안 오리온자리에서 77개의 변광성을 발견했고 1905년까지 소마젤란

그림 8.2 하버드 천문대에서 연구 중인 헨리헤타 리비트.

성운에서만 900개의 변광성을 발견했다. 변광성 발견은 하버드 천문대의 전매특허가 되어 리비트 혼자서 마젤란 성운에서 총 1777개의 변광성을 발견했고 플레밍은 310개, 캐넌은 300개의 변광성을 발견했다.

리비트의 변광성 주기 - 광도 법칙 발견은 하버드 천문대에서 개발한 음화 - 양화 사진 건판 포개기 기법에 힘입은 바가 크다. 마젤란 성운에서 발견한 1777개의 변광성 중에서 리비트는 변동 주기와 밝기가 뚜렷한 25개의 변광성을 골라냈고 이 정확한 데이터로부터 주기-광도 법칙을 도출해 냈다.

리비트와 하버드 여성 천문학자의 사례는 과학 연구에서 종종 나타나는 성별 분업 및 분업에서 드물게 나타나는 위계의 전복을 보여 준다. 리비트와 여성 천문학자들이 하버드 천문대에 들어

갈 수 있었던 것은 그들이 담당한 별빛 스펙트럼 분류 작업이 과학적으로 가치가 낮은 일로 평가받았기 때문이다. 하버드의 남성 천문학자는 페루의 아레키파에 있는 보이든관측기지로 가서 남반구의 별을 찍는 일을 더 선호했는데 거기에 진정한 발견이 있다고 생각했다. 따라서 하버드 천문대의 별빛 스펙트럼 연구에서 항성 스펙트럼 촬영과 스펙트럼 분류 사이의 분업이 일어났고 이 분업은 남녀 간의 성별 분업일 뿐만 아니라 지적인 위계에 따라 나뉜 것이었다. 이는 과학 연구에서 성별 분업이 지적 위계를 동반한다는 점을 보여 준다.

그런데 남성이 새로운 천체를 찾기 위해 최첨단 망원경을 좇아 떠난 자리에서 여성 천문학자가 새 천체를 무더기로 발견하는 일이 벌어지면서 지적 위계가 전복되었다. 남성의 조수로 여긴 여성 천문학자가 오히려 발견자가 되고 남성 천문학자는 여성의 조수가 되었다. 페루 아레키파에 있던 남성 천문학자들은 당황스러운 상황을 되돌리기 위해 사진 건판을 하버드로 보내기 전에 페루에서 먼저 스캔하는 작업을 시도하기도 했지만 하버드 여성 천문학자들은 뒤집힌 위계를 되돌리려는 시도를 허용하지 않았다. 플레밍은 남성이 하버드에 뒤치다꺼리만 넘기려 한다고 피커링에게 불만을 표시했고, 피커링은 작업의 효율을 위해 페루에서 하는 1차 스캔을 중단시켰다.

하버드 연구에서 과학 연구의 지적 위계가 전복된 것은 하버드 천문대장 피커링이 뛰어든 항성분광학이 신생 분야였다는 점에 기인한다. 천문학 내의 지형도가 망원경을 이용한 전통적인 관측 천문학에서 천체물리학으로 그 중심이 이동해 가는 과정에서 기

89

존 천문학의 지적 위계가 흔들렸고, 지적 위계 위에 세워진 성별 분업의 위계 또한 뒤바뀌었다. 과학계에서 여성이 두각을 나타내기 어려운 상황 속에서도 리비트와 하버드의 여성 천문학자가 자신의 이름을 남길 수 있었던 것은 천문학의 무게 중심이 관측천문학에서 물리천문학으로 이동해 가는 변화 속에서 가능했던 것이다. 거기에 여성의 공로를 인정하는 데 적극적이었던 하버드 천문대장 피커링의 역할 또한 무시할 수 없을 것이다.

9장

캐넌의 하버드 항성
스펙트럼 분류법이 채택되었을 때

1913년

1913년 스위스 본에서 열린 국제태양연맹 5차 회의에서 영구적이고 보편적인 항성 스펙트럼 분류 체계를 정립하기 위해 항성스펙트럼분류위원회가 열렸다. 그 자리에서 〈헨리 드레이퍼 목록 Henry Draper Catalog〉에서 사용한 하버드 분류법이 잠정적으로 채택되었다. 하버드 천문대의 애니 점프 캐넌이 만든 항성 스펙트럼 분류 기준이 국제적으로 인정되는 순간이었다. 이후 〈헨리 드레이퍼 목록〉이 지속적으로 보완되어 천체의 수많은 별이 캐넌이 세운 질서에 맞춰 정리됨에 따라 캐넌의 분류법은 1922년 자연스럽게 공식 기준으로 자리 잡았다.

O Be A Fine Girl Kiss Me

고등학교 지구과학 선생님은 별의 분광형을 이렇게 암기하라고 알려줬다. 별의 분광형, O, B, A, F, G, K, M, 각 알파벳으로 시작하는 문장은 별생각 없이 외우기에 효과적이었다. 수십 년이 지난 지금까지도 자동으로 떠오를 만큼 열심히 외웠다. 그런데 별의 분광형은 저런 이상한 문장을 만들어 외워야 할 만큼 그 알파벳에 규칙성이 없다. 저 암기 문장은 수능을 위해 한국에서 만든 암기용 '콩글리시'도 아니고 그보다 훨씬 오래전 프린스턴의 누군가가 만들었다고 하니 그 규칙성이 우리에게만 안 보이는 것은 아닌 것 같다.

OBAFGKM, 바로 이 불규칙한 일곱 개의 알파벳이 1913년 국제태양연맹에서 잠정 채택된 하버드 분류법이다. 1922년 국제천문연맹에서 항성 스펙트럼의 공식 분류법으로 채택되어 우리가 지금도 배우는 분류법이기도 하다. 이 분류법은 처음에는 별의 스펙트럼을 그 스펙트럼상의 특징에 따라 구분하기 위한 정리 도구로 고안된 것이었다. 하지만 점차 그 분류 체계와 순서가 별의 진화 과정과 밀접하게 연결되어 있다는 것이 알려졌다. 그래서 뒤죽박죽 알파벳 순서가 중요하고 그 순서를 정립하는 것이 이후 천체물리학의 발전을 이끄는 데 중요한 역할을 하게 된다.

별을 분류하는 일

이 분류법을 체계화한 것은 하버드 여성 천체물리학자 애니 점프 캐넌이었다. 1896년부터 40년 넘는 오랜 시간 동안 하버드 천문대에서 이루어진 캐넌의 항성 스펙트럼 분류 연구는 이 연구가 가지는 자연사적 특징 및 그 의의에 대해 생각해 볼 수 있는 기회를 제공한다.

분광학은 신이 천문학에 준 선물이었다. 19세기 중반 분광학으로 특정 화학 원소를 구분할 수 있다는 사실이 알려지자 천문학자는 환호했다. 닿지도 가지도 못하는 저 먼 곳의 화학적 조성을 알아낼 방법이 생겼다. 렌즈 연마 과정에서 렌즈의 초점을 테스트하는 데 사용되었던 태양 스펙트럼의 프라운호퍼선Fraunhofer lines은 이제 태양에 존재하는 화학 원소의 존재를 확인할 수 있는 지표가 되었고 프라운호퍼선에 있는 진한 두 줄의 D라인을 통해 태양에도 지구에 있는 나트륨이 있다는 사실이 알려졌다. 천문학자는 그들의 망원경에 프리즘을 달아 망원경으로 들어오는 별빛의 스펙트럼을 얻었다. 항성분광학이 시작되었다.

항성분광학자는 스펙트럼의 특성에 따라 별을 분류했다. 이탈리아의 가톨릭 사제이자 천문학자인 안젤로 세키Angelo Secchi는 별의 색깔, 수소 스펙트럼선의 강도, 밴드 스펙트럼의 특성, 방출 스펙트럼의 존재 등에 따라 별의 스펙트럼을 I~IV까지 4그룹으로 구분하는 세키 분류법을 창안했다. (후에 I에 속한 스펙트럼 중 일부를 V로 재분류하여 다섯 그룹이 된다.) 이 과정에서 그는 스펙트럼에서 탄소 밴드가 나타나는 탄소별의 존재도 알아냈다.

독일의 천체물리학자 헤르만 포겔Hermann Karl Vogel은 세키 분류법을 수정, 보완한 항성 분류법을 제안했다. 그는 별의 스펙트럼이 별의 대기 온도 및 대기의 상태를 반영하고 있다고 생각했다. 별의 대기 온도가 태양보다 높으면 그 안에 포함된 금속 증기의 흡수 스펙트럼은 약하거나 거의 없게 보일 것이다. 별의 대기 온도가 태양 정도이면 대기 내 금속의 흡수 스펙트럼이 강하게 나타나고, 온도가 낮으면 구성 물질들이 서로 결합하여 넓은 밴드의 흡수 스펙트럼이 나타날 것이다. 이처럼 스펙트럼선에서 나타나는 흡수 스펙트럼선의 유무와 강약, 밴드 스펙트럼의 특징 등에 따라서 그는 세키 분류법을 3단계로 재분류하되 그 안에 a, b 그룹을 두어, Ia, Ib, Ic, IIa, IIb, IIIa, IIIb의 일곱 그룹으로 세분화했다. 포겔은 별의 스펙트럼이 별의 물리적 상태 및 화학적 조성을 보여줄 뿐만 아니라 별의 진화 단계를 반영하고 있다고 믿었다. 별의 스펙트럼 분류와 항성의 진화를 연결하는 이런 생각은 이후 항성분광학의 발전에 중요한 역할을 한다.

이제 하버드 분류법으로 들어가 보자. 하버드 분류법의 시작은 일찍 세상을 뜬 천문학자 헨리 드레이퍼Henry Draper를 기리기 위해 그의 부인 메리 안나 드레이퍼Mary Anna Draper가 하버드 천문대에 기부하면서 시작되었다. 하버드 천문대장 에드워드 피커링은 그 기부금으로 별의 스펙트럼을 분류한 항성표를 만들 계획을 세웠다. 이를 위해 그는 프리즘을 장착한 고성능 망원경을 준비하고, 남반구의 별을 찍기 위해 페루 아레키파에 보이든관측기지를 설치했다. 밤하늘을 찍으면 그 하늘에 있는 수많은 별의 스펙트럼이 하나의 사진 건판에 찍혀 나왔다. 보통 한 개의 스펙트럼이 한 개의 별에 해당했는데 8000장 가까운 사진 건판에 실린 수만 개 별의 스펙트럼이 분류를 기다렸다.

하버드 분류법은 이 많은 별의 스펙트럼을 분류하는 효율적인 분류 체계를 찾는 과정에서 만들어졌다. 첫 하버드 분류법을 만든 것은 에드워드 피커링의 첫 여성 조수였던 윌라미나 플레밍

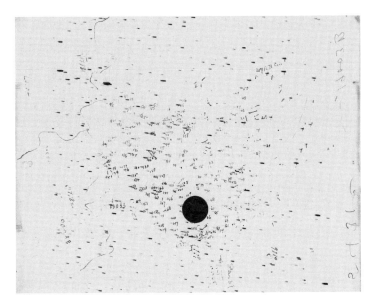

그림 9.1 하버드 천문대의 항성 스펙트럼 사진. 검은 점은 그저 페니, 즉 동전이다.

이었다. 플레밍은 당시 네 그룹이었던 세키 분류법이 스펙트럼의 다양한 특징을 분류하기에는 부족하다고 여겼다. 스펙트럼선의 굵기나 강도를 세분화하여 세키의 I~IV까지의 네 그룹을 A~N(J 제외)까지 총 13개의 그룹으로 세분화하고 거기에 O, P, Q까지 세 그룹을 더해 알파벳 순서에 따른 새로운 분류법을 제안했다. 1890년 하버드 천문대에서 1만 351개의 〈드레이퍼 기념 항성표 Draper Memorial Catalogue〉를 출간하자 하버드 분류법은 세키나 포겔 분류법의 강력한 경쟁자로 부상했다.

　이후에도 메리 드레이퍼의 지속적인 지원 아래 하버드의 항성 스펙트럼 분류가 이어졌다. 피커링은 여성을 고용하여 항성 스펙트럼 사진을 분류하도록 했다. 피커링의 가사 도우미였던 플레밍처럼 천문학이나 물리학에서 전문적인 교육을 받지 못한 채 들어온 사람도 있었지만 변광성의 비밀을 발견한 헨리에타 리비트와 안토니아 모리Antonia Maury, 캐넌처럼 래드클리프나 웰즐리 등 여대에서 전문적인 과학 교육을 받은 사람도 포함되어 있었다. 이들 하버드 여성 '컴퓨터'는 대량 생산되는 항성 스펙트럼 데이터를 처리하기 위해 저임금으로 고용된 사람들이었다. 당시 피커링의 남성 조수는 평균 2500달러의 연봉을 받는 반면 하버드 여성 컴퓨터를 감독하는 플레밍은 1500달러, 다른 여성 컴퓨터는 시간당 25~35센트, 연봉으로 환산하면 주당 48시간 근무 시 600~900달러 정도를 받았다.[1]

연봉은 후하지 않았지만 연구에 있어 피커링은 하버드 여성 컴퓨터에 꽤 많은 자율권을 부여했고 연구 발표에서도 그들의 공헌을 명시적으로 밝혔다. 안토니아 모리는 그런 자율권을 적극적으로 활용한 사람이었다. 헨리 드레이퍼의 조카였던 안토니아 모리는 그 인연으로 하버드 천문대에 들어왔다. 피커링은 모리에게 북반구의 밝은 별에 대한 상세한 연구를 맡기면서 모리가 자체적인 분류법을 고안하게 했다. 681개의 별의 스펙트럼을 세밀하게 분석한 모리는 플레밍이 고안한 열여섯 단계의 알파벳 분류법 대신 로마 숫자로 I에서 XXII까지 22그룹으로 분류하는 새로운 분류법을 제안했다. 수소선의 강도, 금속선의 강도, 태양이나 오리온 등 대표적인 항성과의 스펙트럼 유사성, 방출/흡수 여부 등에 따라 22그룹으로 나누어졌다. 여기에다 모리는 스펙트럼선이 흐릿한지 선명한지의 기준에 따라 a, b, c, ab, ac의 5그룹을 추가적인 분류 기준으로 넣었다. 이에 따라 모리의 항성 스펙트럼 분류

96

법에서는 총 110그룹의 상세한 분류 단계가 제시되었다.[2]

　모리의 분류법에 대한 반응은 전반적으로 좋지 않았다. 110개나 되는 분류 단계를 두고 이렇게 할 거면 별마다 각각 분류 단계를 설정하는 게 낫지 않겠냐는 비아냥도 나왔다. 무엇보다 작업 도구로서 너무 많은 분류 체계는 비효율적이고 실용적이지 않았다. 그럼에도 모리의 분류법은 중요한 진전을 이루었다. 그것은 플레밍의 분류법에서 제시한 A, B, C…… 알파벳의 순서를 뒤바꿔 놓았다는 데 있다. 그는 별의 분류 단계가 별의 진화와 연결되어 있다고 생각했고 이에 따라 진화 단계에 맞춰 로마 숫자 순서를 배열했다. 모리의 로마 숫자 순서에 따라 플레밍의 알파벳 분류를 재정렬하면 BAFGKMO라는 순서가 되어 O의 순서만 제외하면 후에 공식 채택되는 하버드 분류법과 유사했다. 모리는 오리온 대성운이나 플레이아데스 대성운 주변에서 B타입의 별이 많이 관측되는 점을 근거로 이 그룹에 속하는 별은 별의 초기 진화 단계에 해당한다고 주장했다. 이는 별의 스펙트럼을 별의 진화 단계와 연결한 포겔과 비슷해 보이지만 큰 차이가 존재한다. 포겔은 별이 진화 초기 단계의 별일수록 그 별의 온도가 높을 것이라는 점을 전제로 별의 온도에 따라 분광형이 다르다는 가정을 발전시켰다. 이에 비해 모리는 별이 탄생하는 대성운 주변에 B 타입 분광형 별이 많다는 공간적 분포에 대한 증거를 가지고 분광형이 별의 진화 단계를 보여 주는 중요한 증거임을 보였다. 요컨대 포겔이 별의 진화에 대한 가설에 의존했다면 모리는 별의 스펙트럼을 근거로 진화 단계에 대한 증거를 제시했다.

　자, 이제 하버드 분류법의 완성자 애니 점프 캐넌으로 가 보자.

어떻게 그 많은 별을 분류할 수 있었을까

캐넌은 1880년 매사추세츠의 웰즐리대학에서 물리학과 천문학을 공부했다. 당시 웰즐리대학의 물리학 교수 사라 화이팅Sarah F. Whiting은 물리학의 최신 실험 기법을 빠르게 좇은 학자였다. 물리학의 '핫토픽'이었던 분광학이나 X선의 실험 테크닉을 빠르게 습득했으며 학부 수업에도 도입했다. 매사추세츠공과대학MIT에 이어 미국에서 두 번째로 학부생용 물리 실험실을 만들기도 했는데, 화이팅의 발 빠른 행보의 수혜자 중 한 명이 캐넌이었다. 캐넌이 입학한 1880년 화이팅은 처음으로 실용 천문학 수업을 개설하여 항성분광학의 여러 기법을 소개했다. 특히 화이팅은 스펙트럼 패턴 인지를 강조했는데 이를 위해 학생들에게 드로잉을 배우게 했으며 스펙트럼을 찍기 위한 사진술도 가르쳤다. 여러 사람을 놀라게 한, 캐넌의 직관적인 스펙트럼 패턴 인식은 화이팅 밑에서 훈련받은 것이다. 이는 웰즐리에서 배출한 여성 천문학자가 가진 큰 강점이기도 했다.

천체물리학자로서 캐넌의 본격적인 경력은 1896년 하버드 천문대에 에드워드 피커링의 조수로 들어가면서 시작되었다. 피커링은 페루의 아레키파에서 찍은 남반구 별의 스펙트럼 분류를 캐넌에게 맡겼다. 1899년까지 하버드 천문대로 온 1122개의 별의 스펙트럼을 찍은 5961개의 사진 건판을 분석하고 분류하는 일이 그의 책임하에 이루어졌다.

캐넌은 모리의 로마 숫자 분류법 대신 플레밍의 알파벳 분류법을 기본으로 하되 거기에 자신만의 체계를 덧붙였다. 그는 발머

계열(수소 스펙트럼)과 피커링 계열(헬륨 스펙트럼)을 기준으로 항성 스펙트럼을 분류했다. 이를 기준으로 플레밍 분류법에서 16그룹에 해당하는 것을 그에 대응하는 별이 발견되지 않는 단계를 제외하고 A, B, F, G, K, M, O의 7그룹과 행성 모양 성운에 해당하는 P, 밝은 스펙트럼선을 보이는 특이 별에 해당하는 Q를 채택하여 총 9그룹만을 남겼다. 그리고 B와 M 사이에 그룹별로 10단계의 세부 단계를 설정했다. 예를 들어 B와 A의 중간형에 해당하는 스펙트럼에 대해서는 B5A, F와 G의 중간단계에 해당하는 스펙트럼에는 F2G 등 유사도에 따라 중간 단계를 10단계로 나누어 분류했다. 후에 이는 B5, F2 등으로 더 간단한 형태로 표시되었다. 또한 그는 방출 스펙트럼을 내는 O그룹을 스펙트럼 분류의 제일 앞으로 가져왔고 B그룹도 A그룹 앞에 두었다.

이렇게 하여 캐넌은 지금 우리가 배우는 O, B, A, F, G, K, M의 순서를 완성했다. 이는 앞선 하버드 여성 천문학자 플레밍과 모리의 분류 체계를 종합하여 정립한 것이라고 할 수 있는데 이를 통해 캐넌은 별의 스펙트럼의 분류 체계와 그것이 나타내는 별의 진화적 의미를 연결하는 일에 성공했다. 흥미로운 점은 캐넌도 이 분류 체계의 순서가 별의 진화적 단계를 의미한다고 생각했음에도 불구하고 그런 이론적 논의로 들어가는 일을 자제했다는 것이다. 그는 별의 진화에 관한 가설이 무엇이든 상관없이 언제나 그 자체로 존재할 수 있는 분류 체계의 확립을 목표로 삼았다.

캐넌의 항성 스펙트럼 분류는 계속 이어졌다. 1901년에 출간된 1122개의 남반구의 별에 더해 1912년 《하버드칼리지천문대연보》에는 캐넌이 분류한 1477개의 별의 목록이 발표되었다. 캐넌의 분류법을 채택하여 하버드 천문대에서 거의 5000개가량의 별의 분광형을 목록화했다.

1910년 마운트 윌슨 천문대에서 열린 국제태양연맹 4차 회의에서는 항성스펙트럼분류위원회가 구성되었다. 위원회는 항성분광학 전문가들에게 캐넌이 정립한 하버드 분류법을 공식적으로 채택하는 것에 대한 의견을 묻는 설문을 돌렸다. 하버드 분류법이 가장 유용한 분류법이라는 데 동의하는가, 이 시스템에서 수정할 부분은 무엇인가, 위원회에서 보편적인 분류법을 채택해야 할 필요성이 있는가, 모리가 제안한 스펙트럼선의 너비를 분류 기준에 포함할 필요가 있는가와 같은 질문이 포함되었고 총 28명이 응답을 보냈다. 상당수의 응답자가 하버드 분류법이 현존하는 가장 유용한 분류법이라는 점에 동의했지만 이를 공식으로 채택하는 것에는 유보적인 입장을 보였다. 전문가들도 하버드 분류법의 엉망진창 기호에는 불만을 표시하면서 O를 A로 바꾸고 순서를 재정비해야 한다거나 숫자로 바꾸어야 한다는 제안을 하기도 했다.[3] 이때의 설문 조사 결과를 바탕으로 1913년 국제태양연맹 5차 회의에서 하버드 시스템이 잠정적인 분류법으로 채택되었다.

캐넌의 분류 작업은 계속되었다. 1918년부터 그는 피커링과 함께 《하버드칼리지천문대연보》에 〈헨리 드레이퍼 목록〉을 발표했다. 1919년 피커링이 3편의 출판을 끝으로 세상을 뜨자 남은 6편의 편집은 전적으로 캐넌에게 맡겨졌다. 그는 평균 5명의 여성 컴퓨터와 함께 지치지 않는 열정으로 〈헨리 드레이퍼 목록〉을 완성해 나가 1924년 9편을 마무리했다. 이 과정에서 탄소별을 의미하는 Nc 그룹이 새로 도입되었고 새로운 S형 별도 새로 도입되는

그림 9.2 별을 분류하고 있는 애나 점프 캐넌.

등 하버드 분류법은 〈헨리 드레이퍼 목록〉의 지속적인 출간에 따라 계속해서 수정, 보완되어 갔다. 이렇게 해서 22만 5300개의 별에 대한 스펙트럼 분류가 완성되었다.

1922년 국제천문연맹에서 하버드 분류법을 항성 스펙트럼의 공식 분류법으로 채택하게 된 데에는 이렇게 방대한 〈헨리 드레이퍼 목록〉의 출간이 결정적이었다고 할 수 있다. 하버드 분류법과 경쟁했던 그 어떤 시스템도 이렇게 많은 별을 분류하는 성과를 내지 못했으며 이는 하버드 분류법을 대체 불가능한 것으로 만들었다. 그리고 이는 캐넌과 피커링, 플레밍과 모리를 비롯해 그들과 함께한 하버드 여성 천문학자의 수십 년에 걸친 노력의 성과였다.

분류도 과학인가

캐넌이 하버드 분류법을 정립하고 〈헨리 드레이퍼 목록〉을 완성하여 하버드 분류법을 국제적인 표준으로 자리 잡게 하는 데 결정적인 역할을 한 훌륭한 천문학자라는 데는 의심의 여지가 없다. 특히 그는 동일한 기준을 적용하여 스펙트럼 분류를 일관되게 하는 데 있어서 뛰어난 능력을 보였다. 일례로 수년 전에 분류한 사진 건판을 들고 가서 다시 분류해 보라고 하면 그 결과가 수년 전과 똑같아서 주변 사람을 놀라게 했다. 이런 그의 놀라운 스펙트럼 인지 능력을 두고 하버드 천문학자 오웬 깅거리치Owen Gingerich는 매우 희미한 스펙트럼의 경우에는 선스펙트럼 대신 연속적인 에너지 분포를 분류 기준으로 삼은 덕에 이런 일관된 패턴 인지가 가능했다고 진단했고, 과학사학자 클라우스 헨첼은 스펙트럼의 각 부분을 세부적으로, 논리적으로 분석해서 얻어낸 것이 아니라 그 총체를 인지하는 '게슈탈트 인지gestalt recognition' 라고 평가했다.[4]

그런데 우리가 과학자를 평가하는 기준, 예를 들면 새로운 법칙의 발견이나 새로운 현상의 발견이 있는지 등의 기준을 가지고 캐넌의 연구를 평가한다면 그의 연구는 생산된 데이터를 수집, 분류하는 연구의 첫 단계에 머물러 있었다. 저임금과 저평가된 하버드 여성 컴퓨터의 존재에서 알 수 있듯이 당대에도, 그리고 지금도 그런 종류의 연구는 흔히 과학계의 천재라는 사람에게 어울리는 종류의 연구는 아니다.[5]

수십 년 동안 항성 스펙트럼 분류에 매진한 것에 비해 캐넌은 놀랄 만큼 항성 스펙트럼의 해석 및 이론화 작업에는 손을 대지 않았다. 별의 주성분이 수소와 헬륨이라는 것을 발견한 하버드 여성 천체물리학자 세실리아 페인가포슈킨Cecilia Payne-Gaposchkin 은 하버드 학생 시절 만났던 캐넌에 대해 다음과 같은 존경과 불만이 섞인 평가를 했다.

> 수년간 그의 영역이었던 스펙트럼을 해석하려고 하는 어리고 미숙한 학생의 주제넘은 짓에 화를 낼 만도 한데 (캐넌은) 한 번도 그런 적이 없었다. …… 그렇게 오랫동안 항성 스펙트럼 연구를 한 사람이 그로부터 어떤 결론도 끌어내려고 하지 않을 수 있는 지 놀랍기도 하다. 그는 순수한 관찰자였고 어떤 해석도 시도했던 적이 없다.[6]

캐넌의 놀라운 패턴 인지 능력과 대비되는 이론과의 거리 두기 에 대해 어떤 평가를 할 수 있을까? 한동안 이와 같은 모습을 여성 과학자의 지적 능력이 부족하다는 증거로 인용하기도 했고, 다른 쪽에서는 사회적 장벽으로 인해 여성 과학자가 과학계에서 중요한 일에 접근하기 어렵다는 차별의 증거로 거론하기도 했다. 여성 과학자에 대한 입장은 다르지만 두 입장 모두 이런 종류의 연구가 가치가 떨어지는 허드렛일이라는 평가에서는 같은 편에 서 있다고 볼 수 있다.

하지만 이렇게 이론적 해석을 멀리하는 특징은 당시 분광학 분야의 전반적인 연구 경향으로 이해하는 것이 더 적합해 보인다. 캐넌이 활동했던 20세기 초반 분광학은 물리학의 주류 분야 중

하나였고 많은 물리학자가 원자 스펙트럼 분류에 뛰어들었다. 이들은 가시광선을 넘어 자외선이나 적외선 영역에서 원자 스펙트럼을 찍어내고 분류하는 일을 중요한 연구 주제로 삼았다. 더 정교한 회절 격자를 만들고 단열, 무진동의 실험실을 만들어 더 정확한 스펙트럼을 최대한 많이 얻어내려 했고 스펙트럼의 파장을 정확하게 읽어내기 위해 실험 도구를 개선했다. 이렇게 원자 스펙트럼 측정 및 분류에 매진하는 모습을 두고 러더퍼드는 "묘사만 하는 식물학"이라고 깔보았고 좀머펠트는 "제만 동물학Zeeman Zoology"이라고 비웃기도 했다.

다른 분야의 비판이 어떻든 간에 분광학 내에서는 이런 정밀하고 정교한 분류 활동 및 그 과정에서 얻는 숙련성을 그 분야 과학자의 중요한 전문성으로 여겼다. 그래서 1930년대에 MIT 물리학과의 조지 해리슨George R. Harrison이 원자 스펙트럼의 파장과 강도를 자동으로 측정하는 기계를 만들었을 때 일부 분광학자는 이에 대해 반감을 드러냈다. 대표적으로 해리슨의 절친한 동료였던 미국표준국의 윌리엄 메거스William Meggers는 해리슨의 자동화 기계가 분광학자의 "믿을 만하고 진정한" 방법을 "잽싸고 더러운" 방법으로 바꿔 놓았다고 비난하기도 했다.

이런 분광학계의 분위기를 고려하면 캐넌이 이론적인 해석을 멀리하고 별 스펙트럼의 일관된 분류에 집중한 것은 지적 능력의 부족이나 여성 과학자의 열악한 지위에 의한 것보다는 당시 분광학자의 일반적인 규범에 맞춘 연구 스타일로 이해하는 것이 더 적합할 것 같다. 분광학자의 스펙트럼 분류가 이후 분광학이 화학 등 다른 분야에 광범위하게 적용되는 데 기여한 것처럼, 캐넌의 분류법과 일관된 항성 스펙트럼 분류 데이터는 세실리아 페인 가포슈킨과 할로 섀플리Harlow Shapley 같은 다음 세대의 천체물리학자가 천체 진화에 대한 이론을 만드는 기반이 되었다. 이론에 흔들리지 않는 분류가 있었기에 튼튼한 이론이 그 위에 만들어질 수 있었다.

10장

밀리컨이 광전 효과로
노벨상을 수상했을 때

1923년

1923년 12월 10일, 스웨덴왕립과학아카데미의 노벨물리학상위원회 의장이 노벨 물리학상 수상자를 발표했다. "왕립과학아카데미는 전기의 기본 전하와 광전 효과에 대한 연구로 올해의 노벨 물리학상을 로버트 앤드루스 밀리컨에게 수여합니다." 미국의 두 번째 노벨 물리학상이 탄생하는 순간이었다.

로버트 밀리컨Robert Andrews Millikan의 노벨상은 대개 그 유명한 '기름방울 실험' 덕이라고 생각하지만 사실 광전 효과 연구도 그의 노벨상 수상에 기여했다. 밀리컨이 광전 효과 연구를 했다는 점도, 그것이 노벨상을 탈 만큼 의미 있는 연구 성과라는 점도 의외의 사실이다. 또한 밀리컨의 연구는 본인 외에도 두 명의 노벨 수상자 탄생에 결정적 역할을 했다. 노벨위원회의 말을 들어보면 이렇다.

밀리컨이 노벨상을 받을 자격이 충분하다는 점을 보여 주기 위해, 아카데미는 그의 광전 효과 연구도 빼놓지 말고 말해야겠습니다. 자세히 말할 필요 없이 그저 이렇게 말하겠습니다. 밀리컨의 이 연구들이 다른 결과를 냈다면 아인슈타인의 법칙은 가치가 없어졌을 것이고 보어의 이론도 지지받지 못했을 것입니다. 밀리컨의 결과가 나온 후 두 사람은 지난해에 노벨 물리학상을 받았습니다.[1]

아인슈타인은 1921년 광전 효과로, 보어는 1922년 원자 구조 및 그로부터 방출되는 복사선 연구로 노벨 물리학상을 받았다. 그런데 흥미롭게도 밀리컨은 아인슈타인의 광양자 가설과 관련하여 자신의 실험이 지니는 의미에 대해 입장이 일관되지 않았다. 1950년에 발표한 자서전에서는 처음부터 아인슈타인의 광양자설이 옳다고 믿었고 그것을 입증할 생각으로 광전 효과 실험을 했다고 말했다. 하지만 실제로 연구가 이루어진 1910년대에 발표한 논문과 책에서는 정반대의 입장을 취했다. 밀리컨은 자신의 실험이 아인슈타인의 이론을 반박할 수 있을 것이라는 기대로 실험에 착수했다. 실험 결과가 점점 광양자설을 지지하는 쪽으로 나오는 데도 그 입장을 선뜻 바꾸지 못했고 틀린 가설도 때로는 실험을 인도하는 역할을 하지만 결국에는 버려질 것이라는 식으로 광양자설에 대한 불편함을 내비쳤다.

그렇다면 밀리컨은 훗날 쓴 자서전에서 거짓말을 한 것일까? 그렇지는 않을 것이다. 기억은 쉽게 바뀌고 바뀐 기억을 사실이라고 굳게 믿는 일은 과학사에서가 아니더라도 일상에서 쉽게 볼 수 있는 일이다. 거짓말을 하려는 의도가 있어서가 아니라 본인 자신이 그렇게 믿고 있기에 거짓 기억을 진실이라고 말하게 되는 것이다. 그런 점에서 밀리컨이 거짓말을 했다고 하기는 어려워 보인다.

그렇다면 밀리컨의 기억은 어느 무렵에, 왜 바뀌게 되었을까? 기억의 변화는 서서히 일어나기에 기억의 소유자조차 그 변화의 시점을 인지하지 못한다. 그래도 여러 정황을 통해 바뀐 시기나 계기는 짐작을 할 수 있다. 밀리컨에게는 노벨상 수상이 그 중요한 계기가 되었던 것으로 보인다. 1923년 노벨상 시상식에서 노벨위원회가 밀리컨의 연구를 광양자설에 대한 입증 실험으로 자리매김하자 그의 기억도 이에 맞춰 변했을 것이다. 밀리컨의 광전 효과 실험이 물리학사에서 제자리를 찾는 순간이기도 했다.

기름방울 실험은 어떻게 성공했나

밀리컨이 상을 받았을 때 그는 캘리포니아공과대학 소속이었지만 노벨상 연구가 이루어진 곳은 1896년부터 25년간 몸담은 시카고대학이었다. 1895년, 밀리컨은 컬럼비아대학에서 박사학위를 마쳤다. 경제 불황 속에서 일자리 전망이 흐려지자 밀리컨은 지도 교수의 권유에 따라 그가 7% 이율로 빌려준 300달러를 들고 당시의 과학 선진국인 독일의 괴팅겐과 베를린으로 가서 오늘날의 박사 후 연구원에 해당하는 시기를 보냈다. 마침 시기가 딱 좋았다. 1895년 11월 빌헬름 뢴트겐Wilhelm Röntgen이 독일에서 X선을 발견했고, 다음 해 2월에는 프랑스에서 베크렐이 우라늄선, 즉 나중에 퀴리 부부에 의해 방사선이라는 이름을 얻는 새로운 광선을 발견했다. 새로운 광선의 정체가 입자인가 파동인가를 두고 유럽 과학계가 뜨거운 토론을 벌인 현장에 있었던 것은 밀리컨의 연구 행보에 큰 행운이었다.

밀리컨이 기름방울 실험에 관심을 기울이게 된 것도 이때의 경험과 관련 있다. 1900년 전후로 그는 X선 및 방사능에 의한 기체의 이온화 및 이온에 의한 전류의 전도 문제에 관심을 쏟았다. 당시 이 분야를 선도한 그룹은 영국 케임브리지 캐번디시연구소의 과학자였다. 캐번디시연구소장이었던 J.J.톰슨J. J. Thomson은 1897년 진공관에서 전자의 비전하(e/m)를 측정하고 전자가 원자를 구성하는 블록에 해당한다고 주장했다. 톰슨의 제자 찰스 톰슨 리스 윌슨Charles Thomson Rees Wilson은 구름 상자cloud chamber를 이용해서 전기를 띤 입자를 찾는 방법을 고안했다. 과포화된 수증기로 가득 찬 상자 속에 대전된 원자나 이온이 지나가면 대전 입자가 응축핵의 역할을 하여 그 궤적을 따라 물방울이 맺히면서 구름이 생긴다. 윌슨은 대전된 입자의 궤적을 가시화하는 장치를 만든 것이다.

캐번디시 그룹에 속한 톰슨의 또 다른 제자 해럴드 윌슨Harold A. Wilson은 두 개의 금속판 사이에 구름 상자를 놓고 전기장을 걸 수 있도록 장치를 개선했다. 그는 전기장을 껐을 때 구름의 상층부에 있는 물방울의 낙하 속도를 계산하고, 전기장을 켰을 때 물방울 속도 증가를 측정했다. 윌슨은 전기장하에서의 속도 증가는 물방울 전하의 크기에 비례한다는 가정하에 전하의 크기를 계산했다. 11번의 측정 결과 전하의 값은 2.0×10^{-10}에서 $3.8 \times 10^{-10}e$.

*s.u.*까지 다양한 값이 나왔다. 일관성 있는 실험 결과를 도출하는 데는 실패한 것이다.

실험 실패의 가장 큰 원인은 윌슨이 물방울 하나하나의 속도를 측정한 것이 아니었다는 점에 있다. 실험에 깔린 전제는 동일한 물방울에 대해 중력에 의한 낙하 속도와 전기장에 의한 추가적인 낙하 속도 간의 차이를 측정하는 것이었다. 하지만 실제로는 일 군의 물방울 그룹, 즉 한 무더기의 구름에 속하는 각기 속도가 다른 여러 개의 물방울을 마치 동일한 물방울인 것처럼 가정하고 속도를 측정했다.

1907년 밀리컨은 해럴드 윌슨의 실험을 재현했다. 윌슨의 구름 상자 방식과 동일했지만 몇 가지 개선이 이루어졌다. 그중 하나는 구름 상자를 대전하는 방법이었다. 윌슨은 X선을 이용해서 구름 상자를 대전한 반면, 밀리컨은 그의 학생이었던 루이스 베게만Louis Begeman과 함께 1% 라듐 화합물 200mg으로 구름 상자를 대전했다. 또한 1600V에서 3000V까지 전압을 높여 가며 물방울 구름의 운동을 관찰했다. 그 결과 전압이 적당히 높으면 구름 대신 개별 물방울을 관찰할 수 있다는 점을 발견했다. 물방울에 중력에 반대되는 방향으로 전기력을 걸어 물방울을 공중에 멈추게 할 수 있다는 것도 알아냈다.

하지만 한 가지 문제가 더 남았다. 물방울이 관찰 중에 증발해 버리는 것이었다. 1909년 그는 물 대신 가스엔진 오일이나 기계용 기름을 사용하여 문제를 해결했고, 분무기atomizer로 기름을 흩뿌리는 방법을 통해 기름방울 하나하나의 움직임을 관찰할 수 있게 되었다. 방울의 속도 변화를 보면서 방울에서 방울로 전하가

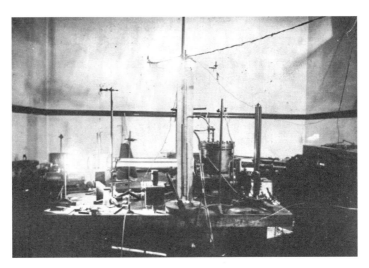

그림 10.1 밀리컨의 기름방울 실험 장치.

이동하는 것까지 관찰했다. 그 결과 그는 방울 하나에 맺히는 전체 전하가 특정한 값 e의 배수에 해당한다는 것을 알아냈다. e의 값은 1913년 $4.774(\pm 0.009) \times 10^{-10}$ $e.s.u.$까지 측정했고 1917년에는 $4.774(\pm 0.005) \times 10^{-10}$ $e.s.u.$까지 측정의 정밀도를 향상했다. 이로써 밀리컨은 전자의 기본 전하값이 존재한다는 것을 실험으로 입증해 냈다.

광전 효과 불신에서 지지로

기본 전하 측정 실험이 거의 끝나갈 무렵, 밀리컨은 광전 효과로 눈을 돌렸다. 광전 효과는 특수 상대성 이론, 브라운 운동과 함께 아인슈타인의 1905년 삼부작 논문 중에 하나로 잘 알려졌지만 그 현상에 대한 연구는 논문 출간 20년 전쯤으로 올라간다. 금속에 빛을 쬘 때 금속 표면에서 전자가 튀어나오는 광전 효과는 1887년 하인리히 헤르츠의 음극선 실험에서 진작에 관찰되었다.

1897년 독일의 필립 레나르트Philipp Lenard는 금속에 자외선을 비출 때 나오는 광선이 음극선, 즉 전자와 유사하다는 것을 알아냈고 음극선의 에너지가 빛의 강도와 무관하며 파장에 반비례한다는 것을 발견했다. 이는 빛의 파동설로는 설명하기 어려웠는데 1905년 아인슈타인은 광양자 가설을 도입하여 광전 효과를 설명했다. 그에 따르면 진동수 v에 해당하는 빛을 금속에 비추면 금속 내의 전자는 hv에 해당하는 에너지를 받아 그중 일부는 금속의 속박에서 벗어나는 데 사용하고(일함수, ϕ), 나머지 에너지(hv-ϕ)는 전자의 운동 에너지(T)로 사용한다. 즉 $T=hv$-ϕ라는 공식이 성립하는 것이다. 아인슈타인은 막스 플랑크의 양자 개념을 빛에 적용하여 빛의 양자가 금속 내의 전자와 충돌하여 에너지를 전달하는 것으로 이 현상을 설명했다.

아인슈타인의 광양자설 및 광전 효과에 대한 밀리컨의 생각은 기본 전하에 대한 것과는 정반대였다. 기본 전하 실험에서 밀리컨은 전자 및 기본 전하의 존재를 상정하고 실험을 수행했지만 광전 효과 실험에서는 그 반대였다. 실험에 처음 착수했을 때 그는 아인슈타인의 광양자 가설이 틀렸을 것이라 생각했다.

밀리컨이 왜 이런 생각을 하게 됐는지를 명확히 알기는 어렵고 밀리컨이 직접 설명한 적도 없다. 오히려 밀리컨은 자서전에서 자신은 처음부터 아인슈타인의 광양자설을 믿었고 그것을 확증하기 위해 실험에 나섰다고 회고하기까지 할 정도였으니 그의 말에 의지하는 것은 오히려 역사적 실재를 왜곡할 수도 있다. 과학사학자가 밀리컨 본인의 회고까지 부인하면서 밀리컨이 처음에는 광양자설에 부정적이었다고 주장하는 것은 연구 당시에 그가 낸 논문에서 밀리컨이 반복적으로 그런 의견을 표현했기 때문이다. 1913년 《사이언스》에 낸 〈빛의 원자 이론Atomic theories of radiation〉이나 1916년 《피지컬 리뷰》에 낸 〈직접적인 광전 측정을 통한 플랑크 상수(h) 결정A Direct Photoelectric Determination of Planck's "h"〉에서 밀리컨은 아인슈타인의 광양자설을 "상상할 수도 없는", "무모한" 생각이라고 말했고 "아인슈타인 공식이 겉으로 보기에는 완벽한 성공을 거둔 것처럼 보이지만, 공식이 상징적으로 나타내는 물리적 이론은 성립할 수 없는 것이라서 아인슈타인 자신도 그 이론을 지지하지 않을 것이라고 나는 생각한다"라고 말하기도 했다.[2]

아인슈타인의 광양자설을 부인한 지 10년도 되지 않아 그 이론을 입증한 공로로 노벨상을 탄 점을 생각해 보면 밀리컨의 초기 태도는 매우 흥미롭다. 왜 광양자설에 부정적이었을까? 이랬던 그가 왜 종국에는 광양자설을 입증하는 쪽으로 입장을 바꾸게 되었을까?

우선 그가 부정적이었던 이유를 짐작해 보면 다음과 같은 것을 떠올릴 수 있다. 1912년 독일에서의 안식년 기간에 참여한 콜로퀴움이나 세미나, 강연에서 그는 기성세대 물리학자가 광양자설에 반대하는 소리를 종종 들을 수 있었다. 그중 한 명이 막스 플랑크로 그는 빛의 본성이 입자라는 생각을 거부했다. 다른 이유로는 그가 속한 시카고대학의 라이어슨물리연구소의 연구 풍토를 생각해 볼 수 있다. 라이어슨은 미국 최초의 노벨 물리학상 수상자 앨버트 마이컬슨Albert Michelson이 있는 곳이었다. 밀리컨이 더 많은 연봉도 뿌리치고 시카고를 선택한 이유가 마이컬슨 때문이기도 했다. 마이컬슨을 비롯해 그곳에 있는 사람에게 빛의 파동성은 이론이 아니라 실재였다. 그 안에서 파동을 생산하고 조정해서 아름다운 간섭 무늬를 만들어 냈으며 파동을 측정했다. 빛의 파동성을 갖고 라이어슨을 미국 최고의 연구소로 만든 사람들이 거기에 있었다. 따라서 밀리컨이 빛의 파동성을 부정하는 광양자설을 선뜻 신뢰하기는 어려웠을 것이다.

그래서인지 처음 몇 년간 이루어진 그의 실험은 광양자설에 호의적인 결과를 낳지 않았다. 1911~1912년 무렵, 그는 아크 광원과 스파크 광원의 광전 효과를 비교하여 스파크 광원을 썼을 때 금속에서 방출되는 전자의 속도가 수은 아크 광원 때보다 더 크다고 주장했다. 이는 광전 효과가 빛의 강도에 영향을 받지 않는다는 기존의 설명을 반박하는 동시에 광전 효과가 파동으로 설명 가능하다는 것을 암시했다. 하지만 밀리컨은 곧 자신의 실험 결과가 틀렸다는 것을 발견했고 그의 논문에 대한 비판이 여기저기서 제기되었다.

독일에서 보낸 안식년에서 돌아온 직후, 밀리컨은 그의 학생이었던 윌리엄 카데슈William Kadesch와 함께 광전 효과 실험 장치를 개선하는 일에 나섰다. 그의 이전 실험에 대해 광전 효과에 사용된 금속의 표면에 생긴 산화막이 전자의 속도를 늦춰서 데이터에 오류가 생겼을 것이라는 비판이 제기되었다. 이 비판에 맞서 카데슈는 진공관에서 금속 표면의 산화막을 제거할 장치를 고안

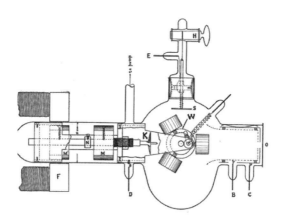

그림 10.2 밀리컨이 사용한 광전 효과 실험 장치.

했다. 이 장치는 진공관 안에 리튬, 나트륨, 칼륨, 세 종류의 원통형 알칼리 금속을 휠(W) 위에 놓고 휠을 전자석으로 회전시켜 각 금속의 표면에 구멍(O)에서 들어오는 빛이 수직으로 입사되도록 설계했다. 금속에 빛이 입사하면 광전 효과로 광전류가 나타나 이를 측정했다. 카데쉬가 고안한 것은 그림 10.2에서 K에 해당하는 송곳 모양의 칼이었다. 이 칼은 전자석 F에 의해 앞뒤로 움직이면서 원통 모양의 알칼리 금속 표면에 형성된 산화막을 제거하는 역할을 했다. 이 장치의 특이점 중 하나는 진공 상태 유지를 위해 진공관 내의 모든 운동은 전자석을 통해 제어되었다는 점이다.

휠 W 위에 원통형의 알칼리 금속, 나트륨, 칼륨, 리튬이 놓여 있고 O에서 빛이 입사한다. K는 전자석 F에 의해 움직이는 송곳 모양의 칼로 알칼리 금속 표면에 낀 산화물을 제거해 주는 역할을 한다.

1914년~1916년까지 밀리컨은 이 장치를 이용하여 아인슈타인의 광전 효과 공식($T=hv-\phi$)의 검증에 나섰다. 그는 금속에서 튀어나오는 광전자의 운동 에너지를 측정하여 그것과 입사하는 빛의 진동수 사이의 관계를 찾는 일에 착수했다. 광원의 진동수를 통제하기 위해 수은 램프의 스펙트럼을 찍어 표준 스펙트럼인 철의 스펙트럼과 비교하여 값이 특정되기 쉬운 진동수를 찾고, 그 진동수에 해당하는 빛만이 그림 10.2 장치의 O로 통과할 수 있도록 수은 램프에 필터를 설치하여 단일 진동수의 빛만을 사용했다. 이렇게 얻은 데이터를 가지고 진동수를 x축으로, 광전자로 인해 만들어지는 기전력을 y축으로 하여, 둘 사이의 1차 함수를 얻어냈고 그 기울기를 계산하여 플랑크 상수를 0.5%의 정확도까지 측정했다. 그 결과 도출된 플랑크 상수의 값은 다음과 같다.

$h = 6.569 \times 10^{-27} \ erg.sec$

오늘날 사용되는 플랑크 상수값($6.626 \times 10^{-27} \ erg.sec$)과 비교할 때 오차가 1%도 나지 않을 정도로 상당히 정확한 값을 얻어내는 데 성공했다. 이와 함께 아인슈타인의 광전 효과 공식도 입증하는 결과를 낳았다.

물론 이렇게 실험 결과를 얻었다고 밀리컨이 하루아침에 아인슈타인의 지지자로 돌아선 것은 아니다. 1917년에 낸 책에서도 여전히 그는 미심쩍은 의심을 버리지 못하고 "실험은 이론을 앞서 나가고 잘못된 이론을 길잡이 삼아 더 좋은 결과를 내기도 한다"라고 했다. 아마도 1917년과 1923년 노벨상 수상 사이의 어느 시점에, 어쩌면 노벨상 수상이라는 바로 그 지점에 밀리컨의 생각은 변한 것으로 보이며 이후 기억 속에서 그는 늘 아인슈타인 광전 효과의 충실한 지지자로 자신을 기억했다.

이론과 실천 모두에서 뛰어났던 과학자

기본 전하 측정과 광전 효과 공식 검증 실험은 과학자로서 밀리컨의 강점이 어디에 있는지를 잘 보여 준다. 기본 전하나 광전 효과 모두 당시의 최신 연구 주제였다. 많은 과학자가 주목하고 그래서 일단 성공하기만 하면 과학계에서 가치를 인정받을 수 있는 연구 주제를 선택했다는 점이 그의 첫 번째 강점이었다. 하지만 최신 연구 주제인 만큼 경쟁도 세고 독창성을 드러내기도 쉽지 않았다. 기본 아이디어와 개념, 심지어 실험 장치까지도 이미 다른 과학자에 의해 제안된 것이라서 독창성을 내보일 가능성은 더욱더 크지 않았다. 밀리컨은 기존 실험 장치에서 시작하지만 장치의 정밀성을 높일 수 있는 실험의 개선을 통해 데이터의 정밀성을 높이고 이를 통해 기존 이론이나 개념을 입증하거나 중요한 상수를 결정했다. 이렇게 정밀성을 높이는 실험의 개선을 추구한 것이 그의 두 번째 강점이었다.

한때 밀리컨의 기름방울 실험에서 일부 실험 조작을 했다는 주장이 제기된 적이 있다. 1913년에 발표한 논문에서 밀리컨이 기름방울의 전하가 기본 전하의 정수배에 해당한다는 것을 보이기 위해 부분 전하에 해당하는 데이터를 버리고 그의 주장에 맞는 데이터만을 선택했다는 것이다. 하버드대학의 과학사학자 제럴드 홀턴이 제기한 이 주장은 후에 과학사학자 앨런 프랭클린에 의해 반박되었다. 프랭클린은 밀리컨의 데이터 선택이 실험 장치 세팅 후 안정적인 데이터를 내기까지의 기간, 온도 등 외부적 조건, 기름방울에 먼지가 앉았는지, 기름방울의 모양이 대칭적인지 등 합리적인 기준에 따른 선택이었다고 주장했다. 프랭클린의 반박에도 밀리컨의 데이터 조작 이야기는 가끔 여기저기서 언급된다. 광전 효과 공식을 검증하는 과정에서 나타난 아인슈타인 이론에 대한 그의 태도, 그럼에도 실험 데이터가 미는 방향으로 어쩔 수 없이 밀려간 이 실험물리학자의 모습을 보면 원하는 이론에 맞춰 데이터를 취사선택했다는 혐의는 조금 과한 것이 아닌가 하는 생각이 든다.[3]

한 마디 덧붙이면 이 실험 이후 몇 년간 그는 본업과는 다른 일로 꽤 바쁜 시간을 보낸다. 1차 세계대전이 발발하자 밀리컨은 미국국립과학아카데미의 국립연구위원회 소속으로 전시 연구에 참여했다. 그는 연구자로서보다는 능력 있는 과학자를 발굴하여 조직하고 정부와 군을 설득하는 일에 뛰어들었다. 당시 그의 팀에게 맡겨진 임무 중에는 독일의 U보트 탐지 기술을 찾는 것도 포함되어 있었다. 일을 맡기기는 했지만 군에서는 과학자들의 능력을 신뢰하지 않았다. 해군은 에디슨과 논의해서 별도의 해군자문위원회를 구성했는데 여기에는 미국물리학회가 포함되지 못했다. 진짜 일을 하는 실용적 사람으로만 위원회를 만들려 한다는 것이 물리학회가 포함되지 않은 이유였다.

결국 밀리컨의 팀은 해군자문위원회와는 독립적으로, 그리고 해군자문위원회의 연구와 경쟁적으로 U보트 탐지 기술 개발에 나섰다. 금방 성공할 수 있을 것이라는 에디슨의 장담을 보기 좋게 무너뜨리고 U보트 탐지기를 개발한 것은 밀리컨이 이끄는 팀이었다. 밀리컨 팀의 일원인 물리학자 막스 메이슨Max Mason은 길이가 다른 여러 개의 긴 파이프로 수중 음파를 포착하여 음원의 방향까지 포착할 수 있는 M-B 튜브를 개발하는 데 성공했다. 말로만 일한다고 무시당한 물리학자들이 그 능력을 제대로 보여 준 계기가 되었다. 1차 세계대전에서 과학행정가로서 뛰어난 능력을 입증한 밀리컨은 전후 미국 물리학계의 대표 주자로 다양한 정치적 활동에 참여했다.

11장

비토 볼테라, 생존 경쟁을
수학적으로 모델링하다

1926년

비토 볼테라Vito Volterra는 1859년 3월 이탈리아에서 태어난 물리학자이자 수리생물학자이다. 그의 부모는 조그마한 옷 가게를 운영했으나 가난을 벗어날 수는 없었다. 외동아들이었던 볼테라가 일찍이 과학과 수학에 큰 재능을 보였음에도 그의 아버지는 그에게 학업을 그만두고 가업을 이어 돈을 벌 것을 강요했다. 이에 그의 가족은 수학박사이자 토목공학자로 일하고 있던 친척인 에도아르도 알마지아에게 부탁하여 볼테라에게 학업을 그만둘 것을 권하라고 부탁할 정도였다. 하지만 당시 철도회사에서 일하던 알마지아는 볼테라의 수학적 재능을 간파하고 볼테라가 학업을 계속할 수 있도록 도움을 주었다. 그는 볼테라에게 플로렌스대학의 물리학 실험실 조수 자리를 구해 주었으며 볼테라가 고등학교와 대학에 진학하여 물리학과 수학 연구를 할 수 있도록 지원해 주었다.

볼테라는 11살의 어린 나이에 이미 수학자 조세프 베르트랑Jo-seph Bertrand과 아드리앵-마리 르장드르Adrien-Marie Legendre의 저술을 독파할 정도의 수학적 능력을 보였다. 그는 또한 쥘 베른의 공상과학 소설을 탐닉하며 발사체 문제를 확장해 지구와 달의 중력을 포함한 삼체 문제로 접근하려 시도하기도 했다. 사촌 알마지아의 도움으로 볼테라는 1878년 고등학교를 졸업하고 피사대학에 진학하여 수학과 물리학을 전공했다. 1882년 볼테라는 물리학 박사학위를 받았으며 23살이 되던 그다음 해에 피사대학의 교수가 되었다. 볼테라는 미적분학을 사용해 수리물리학 분야에서 탁월한 업적을 내기 시작했으며 편미분방정식, 특히 볼테라적분방정식Volterra integral equation과 탄성elasticity에 대한 연구를 통해 학문적 명성을 쌓았다. 이러한 업적을 바탕으로 볼테라는 1900년 로마대학의 수리물리학 교수 좌에 임명되었다. 그는 같은 해 알마지아의 딸인 비르지니아 알마지아와 결혼했다.

자연을 모델링하기

볼테라가 로마대학의 교수 좌 임명과 함께 행한 1900년 강연, '수학을 생물학과 사회과학에 응용하려는 시도에 관하여'는 수리물리학을 이용하여 역학적 문제를 해결해 온 그가 추구하고 싶은 새로운 연구 방향을 보여 준 강의였다. 그는 이 강의에서 수리물리학에서 발전되어 온 편미분방정식에 기반하여 생물학과 사회과학에서 나타나는 생물종과 인간 집단의 동역학을 수학적으로 기술하고 이를 모델링할 수 있다고 제시했다.

당시 자연에 존재하는 생명체 간의 생태학적 관계를 수학적으로 모델링한 연구는 매우 드물었다. 그나마 볼테라 이전에 전염병 전파의 패턴을 역학적이고 통계학적으로 분석한 연구가 전부였다. 1902년 전염병 말라리아에 대한 연구로 노벨 생리의학상을 수상한 로널드 로스Ronald Ross는 수학적 분석을 역학epidemiolgoy 연구에 도입한 선구적 연구자였다. 당시 모기가 사람에게 말라리아를 감염시킨다는 것이 알려져 있었지만 그가 주장한 것처럼 이 전염병을 막기 위해 모기의 서식지를 감소시키고 나아가 제거해야 한다는 방역 조치가 잘 받아들여지지는 않았다. 무엇보다 한 지역의 모기 개체 수와 인간 집단에서의 말라리아 발병이 큰 상관관계를 보이지 않았다.

이에 로스는 수학적 방법을 통해 모기와 말라리아 전파, 그리고 인간 집단에서의 발병의 연관을 기술할 수 있는 모델을 연구하기 시작했다. 그의 분석에 따르면 모기 개체 수가 일정 정도 수준으로 증가하지 않으면 말라리아 전파와 발병이 잘 일어나지 않았다. 하지만 일단 임계치에 도달할 정도로 모기 개체가 많이 성장하면 모기 개체 수가 조금만 증가해도 큰 폭으로 말라리아 발병이 늘어났다. 이를 통해 로스는 말라리아의 전파가 모기를 통해 일어나지만 왜 특정한 경우 모기 개체 수와 말라리아의 발병이 큰 상관관계를 갖지 않는지를 보일 수 있었다.

로스는 질병의 원인으로부터 그 전파, 인간으로의 감염 과정을, 즉 전염병의 인과관계를 논리적이고 수학적인 방식으로 모델링하고 이를 역학적 자료에 나타난 통계학적 데이터로 보정하는 과정을 통해 자신의 모델을 개선해 나갔다. 역학 분야에서 축적된 통계적 자료와 질병의 인과관계에 대한 정보를 바탕으로 자연에서 나타난 기생충과 숙주의 관계에 대한 수학적 분석과 모델링 연구를 수행한 로스의 연구는 생태계 내에서 생물종 간의 관계를 수학적으로 모델링하려는 연구자에게 큰 영감을 주었다.

기생충과 그 전파, 인구 집단의 발병과 같은 자료가 풍부하게 축적된 역학 분야와는 다르게, 볼테라가 그의 수리생물학 연구를 구상한 1900년대 초반에는 생태학적 연구에 적용할 만한 생물종에 대한 자료나 그들 간의 관계, 그들이 사는 환경에 대한 통계학적 자료가 거의 존재하지 않았다. 이에 1910년대 발전된 전염병에 대한 수학적 모델링이 곧바로 생물학적이고 생태학적 연구에 적용되지는 못했다. 이러한 상황을 타개한 인물은 로스의 영향을 받은 대표적인 수리생물학자인 미국의 알프레드 로트카Alfred Lotka를 들 수 있다. 1920년대 로트카는 로스가 개발한 모델을 적용하여 자연계에 있는 생물종 간의 관계를 수학적으로 모델링하고자 한 인물이다.

로트카는 두 집단의 생물종이 경쟁을 통해 개체 수 증대와 감소라는 주기적 형태의 균형을 만들어 나가며 관계를 맺는다는 것을 미분방정식의 집합으로 모델링할 수 있었다. 이는 화학적 반응에서 나타나는 동역학적 관계를 수학적으로 기술하는 방법을 적용한 것이었다. 이를 통해 로트카는 숙주-기생충 관계에 대한 수학적 모델을 포식자-피식자 관계에 대한 모델로 확장한 첫 수리생물학자가 되었다. 그는 1925년《물리생물학의 원리Elements of Physical Biology》(1956년《수리생물학의 원리Elements of Mathematical

Biology》로 재발간)를 출간하며 자연을 수학적으로 모델링하는 접근법에 대한 길을 열었다.

볼테라의 '생존 경쟁의 수학적 이론'

1900년대 초반 수학을 생물학과 사회과학에 응용해야 한다고 주장한 볼테라는 곧 1차 세계대전에 휩쓸려 정치와 사회 운동에 매진하는데 1920년대 초반 우연한 기회에 수학적 방식을 통한 생태학 연구를 수행하게 된다. 이는 해양생물학자인 그의 사위가 낚시와 어획 활동이 급격히 감소한 1차 세계대전 중에 왜 아드리아 해의 특정 포식자종predaceous species 이 증가하게 되었는가를 연구한 것과 관련 있다. 볼테라는 종 간의 관계와 이들의 경쟁 양상을 수학적으로 분석할 수 있지 않을까 고민하며 왜 이러한 변화가 나타나는지를 수학적으로 모델링하기 시작했다. 당시 미국의 보험사에서 일하던 무명의 수학자이자 인구학자인 로트카의 인구 집단에 대한 수학적 분석을 알지 못한 볼테라는, 이 포식자-피식자 문제를 시작으로 생태계에 수학적 원리를 도입한 대표적 학자로 부상한다.

1926년 볼테라는 두 다른 종의 연합에 대한 수학적 모델을 제안하며 다윈의 생존 경쟁이라는 개념을 수학적 방식으로 정량화하는 기념비적 논문을 발표했다. 이 논문에서 볼테라는 생물종 간의 상호 작용에 대한 수학적 분석을 통해 더 일반적이고 수학적인 진화 이론을 발전시키려고 했다. 그 첫 시도로 그는 포식자-

피식자 관계에 있는 두 종의 관계를 분석하여 포식자의 개체 수가 어떻게 피식자의 개체 수와 수학적으로 관계를 맺을 수 있는지 미분방정식을 사용하여 모델링한다.

볼테라는 자연의 모델링에서 물리적 물체의 집합과 유기적 생명체의 집합을 유비적으로 보았다. 생물체의 집합을 폐쇄된 용기 내의 분자 가스들로 비유하면서 생물체 간 상호 작용을 수학적으로 접근한 것이다. 즉 통계물리적 방법을 통해 서로 다른 가스들의 밀도를 기반으로 그 관계를 분석하듯이, 생물체들의 관계를 종 간의 '만남'이라는 밀도를 통해 계산할 수 있다고 보았다. 이러한 모델링을 통해 그는 두 종의 집단에서 각 개체의 수가 주기적인 증대와 감소 사이클을 보인다는 점을 밝힐 수 있었다. 이 모델은 또한 다른 모든 환경적 변수가 동일하다면 두 종의 개체 수의 평균은 일정할 것이라는 '평균 보존'의 법칙을 보여 주었다. 그리고 이 모델은 피식자와 포식자의 수를 그 비율에 맞게 동일하게 감소시키면 포식자의 수는 감소하고 피식자의 수는 증대한다는 법칙을 도출했다. 그 사례로 어획을 일시적으로 중단하는 것이 어떻게 포식자에게 큰 도움이 되는지를 보여 1차 세계대전기 아드리아해의 자료와 관찰을 입증했다. 흥미로운 점은 볼테라의 이러한 수학적 모델 접근법은 로스의 역학적 모델뿐만 아니라 전쟁 중 나타난 전략 분석 모델에서도 영감을 받은 것이었다.

저명한 수리물리학자인 볼테라의 논문은 곧 《네이처》에 영문으로 축약, 소개되면서 영미권 학계에 큰 관심을 끌게 된다. 특히 볼테라와 유사한 접근법과 결과를 얻었던 로트카는 곧 볼테라에게 편지를 보내 자신이 제안한 모델과 볼테라 모델의 유사성을 지적했으며 이 둘의 연구 결과는 후대에 로트카-볼테라 모델 Lotka-Volterra model 혹은 포식자-피식자 모델로 불리게 된다.

1931년 볼테라는 파리의 푸앵카레연구소에서 열린 강연을 정리한《생존 경쟁의 수학적 이론에 관련된 강연Leçons sur la théorie mathématique de la lutte pour la vie》을 출판한다. 이 저서에서 그는 생물종 간의 상호 작용을 수리물리학의 법칙과 수학적 접근을 통해 규명할 수 있다고 주장하며 비록 자신의 작업은 아직도 논리적이며 원칙적인 수준에 머물러 있지만 앞으로 더 많은 생물학적 사실과 정보가 축적되면서 수리생물학이 비약적으로 성장할 것이라 제안했다. 자연을 모델링하고 진화와 생태계의 상호 작용에 대한 수학적 이론화와 모델화를 추구한 볼테라의 연구는 후대 수리생물학자들에게 지속적으로 영감을 주었다. 그리고 이러한 맥락에서 볼테라의 생존 경쟁의 수학화는 기념비적 업적으로 남아 있다.

12장

이렌 퀴리의
인공 방사성 원소 발견

1934년 1월

1934년 1월 11일, 파리의 라듐연구소에서는 얇은 알루미늄판에 폴로늄에서 나온 알파 입자를 쏘는 실험이 진행 중이었다. 알루미늄판에서 방출되는 양전자를 관찰하다가 예상치 못한 현상을 발견했다. 방사성원인 폴로늄을 제거했는데도 알루미늄에서는 계속해서 양전자가 방출되었다. 양전자 방출은 단 몇 분간, 그것도 지수함수를 그리며 급격히 감소하는 양상을 보였지만 이 현상의 의미는 분명했다. 알파 입자, 즉 헬륨 이온(He^{2+})과 부딪힌 알루미늄이 방사성 물질로 바뀐 것이다. 화학 분석 결과 이 물질은 인(P)의 방사성 동위원소라는 것이 밝혀졌다. 과학의 역사상 최초로 인간이 원소 변환에 성공한 것이다.

1934년 2월 10일 《네이처》에는 〈새로운 방사성 원소의 인공적인 생산Artificial Production of a New Kind of Radio-Element〉이라는 제목의 한 페이지짜리 짧은 논문이 실렸다. 논문에서 과학자는 낯익은 이름을 발견할 수 있었다. 퀴리. 하지만 마리 퀴리의 'M'이 아닌 'I'로 시작하는 또 다른 퀴리, 이렌 퀴리Irène Joliot-Curie였다.

이렌 퀴리의 성장 환경은 어머니인 마리 퀴리를 비롯해 당시 대부분의 여성 과학자와는 크게 차이가 났다. 피에르 퀴리와 마리 퀴리를 부모로 두었다는 점에서 이렌 퀴리의 삶은 시작부터가 남달랐다. 이렌 퀴리의 학창 시절 또한 평범하지 않았다. 이렌 퀴리는 한동안 친구들과 함께 홈스쿨링을 받았다. 이렌의 친구들의 부모도 평범하지는 않았다. 화학을 가르친 장 페렝Jean Perrion은 브라운 운동에 대한 연구로 1926년 노벨 물리학상을 수상했고, 수학을 가르쳤던 폴 랑주뱅은 초음파 탐지기를 개발한 뛰어난 물리학자였다. 물리학을 담당했던 마리 퀴리와 당시 먼저 세상을 떠난 피에르 퀴리까지 포함해서, 네 명의 물리학자는 생전에도 가까이 살면서 아이들의 교육을 함께 했고 죽어서는 프랑스 위인들이 안장된 팡테옹에서 사후의 삶을 함께 했다.

노벨상 메달이 집에 세 개나 있고 친구의 집에도 노벨상 수상자가 있는 환경 속에서 이렌 퀴리가 과학자의 삶을 선택한 것은 꽤나 자연스러운 일이었다. 오히려 피아니스트이자 문학가가 된 동생 이브 퀴리Ève Curie의 선택이 낯설게 여겨질 정도로 홈스쿨링을 함께 한 친구들도 대부분 과학자의 길을 걸었다. 당시 대학 진학 자체가 엄청난 도전인 여성 과학자와는 출발점부터가 달랐던 것이다. 남성 주도의 과학계에서 자신의 존재를 입증하고 과학자로서 입지를 마련하기 위해 고군분투해야 했던 마리 퀴리와도 달랐다.

굳이 자신이 누구인지, 얼마나 재능이 있는지 알리기 위해 따로 노력할 필요 없이, 퀴리라는 이름 자체가 모든 것을 대신해 줬다. 퀴리라는 이름이 이렌에게는 큰 자산이었지만 가끔은 제약으로 작용하기도 했다. 부모의 후광 속에서 남들보다 편하게 시작할 수 있었지만 부모의 이름에 가려 누군가의 딸로만 주목받기 쉬웠던 것이다. 이는 2세대 과학자 자식들이 공통적으로 처한 상황이었는데 닐스 보어의 아들 오게 보어Aage Niels Bohr나 J. J. 톰슨의 아들 G. P. 톰슨George Paget Thomson, 그리고 이렌 퀴리 모두가 상대적으로 부모에 비해 관심을 받지 못했다.

부모의 그늘을 벗어나 '졸리오-퀴리'가 되다

1926년 이렌 퀴리는 라듐연구소의 동료인 프레데리크 졸리오 Frédéric Joliot와 결혼했다. 어울리지 않아 보였던 두 사람의 결혼 소식은 주변 사람들을 조금 당황케 했다. 이렌 퀴리는 무뚝뚝하고 내성적이며 꾸미는 데에도 관심이 없었던 반면, 프레데리크 졸리오는 주변 누구와도 금방 친해지는 사교적인 성격이어서 두 사람이 사랑에 빠질 거라고는 상상도 하지 못한 것이다. 하지만 두 사람은 예상외로 잘 맞는 커플이었다. 프레데리크 졸리오는 피에르 퀴리를 흠모했는데 차가운 이렌 퀴리의 내면에 숨겨진 섬세한 따스함을 보았기 때문이다. 이렌 퀴리는 연구소에 온 후배에게 실험 기술을 가르치다가 그의 영민하고 사교적인 성격에 반했다. 결혼 후 두 사람은 '졸리오-퀴리Joliot-Curie'를 성으로 택했다. 하지만 결혼 후에도 논문에는 각자의 결혼 전 이름을 그대로 사용했다.

인공 방사성 원소 발견에 이르는 그들의 공동 연구는 1929년부터 시작되었다. 그들은 폴로늄에서 나오는 알파 입자를 다른 물질에 쏘았을 때 일어나는 변화를 관찰하는 작업에 착수했다. 방사선 원천인 폴로늄을 다루는 일은 10대 시절부터 작업을 해 왔던 이렌 퀴리의 전문 분야였다. 프레데리크 졸리오는 방사선 입자나 양전자 같은 입자의 궤적이 나타나는 이온 챔버ionization chamber나 구름 상자 장비를 개선하는 일을 담당했다.

1933년 초, 졸리오-퀴리 부부는 붕소, 불소 알루미늄, 나트륨, 베릴륨 등의 원자에 알파 입자를 쏘는 실험을 하는 중이었다. 당시 연구자들은 원자핵에 알파 입자를 충돌시키면 원자핵이 붕괴되고 그 결과 양성자가 방출된다고 생각했다. 졸리오-퀴리 부부도 이런 실험 결과를 예상하면서 다양한 원자핵에 알파 입자를 쏘았다. 그 결과 기대한 것처럼 대부분의 원소에서 양성자 방출이 관찰되었다. 하지만 그것이 끝이 아니었다. 대부분의 원소에서는 중성자 방출도 관찰되었고 양전자도 관찰되었다. 또한 베릴륨에서는 양성자 방출을 찾아볼 수 없었다.

이에 대해 졸리오-퀴리 부부는 다음과 같은 가설을 세웠다. 알파 입자를 쏜 원자핵에서는 일차적으로 양성자가 발생하는데 때로는 양성자가 중성자와 양전자로 붕괴되어 방출되기도 한다. 즉 중성자와 양전자의 방출은 양성자의 붕괴로 인한 2차 산물이기 때문에 원자핵에서는 양성자, 중성자, 양전자가 동시에 발견되는 것이다. 그런데 베릴륨에서는 양성자가 검출되지 않고 중성자와 양전자만 관측되었다. 이는 베릴륨에서 발생하는 중성자와 양전자가 양성자의 붕괴로 인한 결과물이 아니라는 것을 의미했다. 일차적으로 발생한 양성자가 100% 중성자와 양전자로 붕괴

할 가능성은 없기 때문이다. 이에 졸리오-퀴리 부부는 베릴륨에서 나오는 중성자는 알파 입자에 의한 것이지만 양전자는 폴로늄에서 방출되는 감마선이 베릴륨의 핵에서 전자와 양전자의 쌍으로 변환되어 나온 것이라고 해석했다.

그림 12.1 폴로늄에서 방출된 알파선이 베릴륨을 때려 감마선이 발생하고 그것이 납 스크린에 생성한 전자쌍, 그리고 중성자에 의해 방출된 양성자를 촬영한 사진.

그해 10월에 열린 7차 솔베이 회의에서 졸리오-퀴리 부부가 이러한 결과를 발표했을 때 반응은 호의적이지 않았다. 특히 베를린 대학에서 온 여성 물리학자 리제 마이트너Lise Meitner는 본인도 그 실험을 했지만 양성자만 관찰할 수 있었다면서 그들의 주장을 반박했다. 양전자가 방출된다면 그 양전자가 어디에서 나오는지를 설명하기 어렵다는 점도 반박의 주요한 근거 중 하나로 제시되었다.

실망에 차서 파리로 돌아온 부부는 자신들의 가설을 입증하기 위한 실험 설계에 나섰다. 중성자와 양전자의 방출이 항상 같이 일어난다는 것을 보여 주기 위해 그들은 얇은 알루미늄판에 쏘는 알파 입자의 에너지를 감소시키면서 방출되는 입자를 관찰했다. 그들은 얇은 알루미늄판에 알파 입자를 쏘면 알파 입자가 알루미늄 원자핵에 잡혔다가 양성자로 방출되거나 중성자와 양전자로 방출될 것이라고 생각했다. 알파 입자의 에너지를 감소해 원자핵에서 변환을 일으킬 만큼의 충분한 에너지가 주어지지 않는다면 중성자뿐만 아니라 양전자도 방출되지 않을 것이라고 예상했다. 결과는 놀라웠다. 알파 입자의 에너지가 감소함에 따라 어느 시점에서 중성자는 방출되지 않았지만 양전자는 알파 입자를 더 이상 쏘지 않을 때에도 일정 시간 방출된다는 것을 관찰했다. 이는 중성자와 양전자가 함께 방출된다는 그들의 가설이 틀렸다는 것 이상의 의미를 내포하는 결과였다.

폴로늄을 제거하여 더 이상 알파 입자가 나오지 않을 때 알루미늄판에서 중성자는 나오지 않았지만 그 상태에서도 양전자는 방출되었다. 이는 중성자의 발생은 알파 입자에 의한 것이지만 양전자의 발생은 알파 입자에 의한 1차적 효과가 아니라는 것을 의미했다. 거기에 양전자가 방출되는 양상이 일반적인 방사성 원소에서 보이는 특징, 즉 시간에 따라 지수적으로 감소하는 양상을 띤다는 것은 양전자의 방출이 방사성 원소의 붕괴 결과임을 가리켰다. 추가적인 실험 결과로 이 방사성 원소의 반감기가 3분 15초라는 사실도 알아냈다. 또한 알파 입자를 쏜 알루미늄을 염산에 녹였을 때 나오는, 수소를 모은 시험관이 방사능을 띤다는 것을 통해 방사성 동위원소가 포함되어 있다는 점도 확인했다.

결국 그들은 알루미늄에 알파 입자, 즉 원자량이 4인 헬륨 이온을 쏘아 알루미늄 원자핵(원자번호 13, 원자량 27)을 인의 방사성 동위원소(원자번호 15, 원자량 30)로 변환한 것이다. 중성자는 변환 과정에서 방출된 것이고 그에 비해 양전자는 1차 변환 과정에서 만들어진 인의 방사성 동위원소가, 같은 원자량을 가지면서도 안정된 상태인 규소로 바뀌는 2차 변환 과정에서 방출되는 것에 해당했다. 졸리오-퀴리 부부는 붕소와 마그네슘에 대해서도 동일한 실험을 수행했고 그 결과 붕소는 반감기 14분, 마그네슘은 반감기 25분이 되는 동위원소로 변환된다는 사실을 알아냈다. 한 달 후《네이처》에 실린 논문은 겨우 한 페이지에 불과했지만 처음으로 인간이 하나의 원자를 다른 종류의 원자로 바꿀 수 있다는 것을 보여 주는 기념비적인 논문이 되었다.

부부는 강하지만 또 약하다

　1935년 이렌 퀴리와 프레데리크 졸리오는 인공 방사성 원소의 발견으로 노벨 화학상을 수상했다. 1903년 피에르 퀴리와 마리 퀴리의 노벨 물리학상 공동 수상, 1911년 마리 퀴리의 노벨 화학상에 이은 퀴리 가문의 세 번째 노벨상 수상이었다. 마리 퀴리는 딸 부부의 발견에 "오래된 우리 연구소가 영광스러운 날로 다시 돌아가겠구나"라며 감격했지만 다음 해에 이루어진 시상식을 보지 못하고 1934년 여름 눈을 감았다.
　어쩌면 마리 퀴리가 꿈꿨던 라듐연구소의 영광스러운 날은 조금 일찍 올 수 있었을지도 모른다. 졸리오-퀴리 부부는 인공 방사능 원소 변환을 발견하기 전에 두 번이나 발견의 기회를 놓쳤다. 1932년 그들은 알파 입자를 베릴륨에 쏘면 미지의 선이 방출되고 그 선으로 인해 주변의 파라핀에서 양성자가 방출되는 현상을 관찰했다. 졸리오-퀴리 부부는 양성자를 방출하는 미지의 선을 감마선이라고 추정했고 감마선이 양성자를 방출시키는 것을 전자와 X선의 상호 작용을 다룬 컴프턴 효과로 해석했다.

하지만 이 실험 결과를 접한 다른 과학자는 탄식을 금치 못했다. 영국 물리학자 제임스 채드윅James Chadwick으로부터 이 소식을 전해 들은 어니스트 러더퍼드Ernest Rutherford는 그 해석을 믿을 수 없다며 화를 냈고 이탈리아 물리학자 에토르 마조라나Ettore Majorana는 "멍청하긴. 중성인 양성자(중성자)를 발견하고도 그걸 깨닫지 못하다니"라며 냉소를 보냈다. 이 논문이 나오고 한 달 뒤, 채드윅은 실험 결과를 보강하여 중성자 발견을 발표했다.

1932년 졸리오-퀴리 부부는 양전자를 발견할 기회도 놓쳤다. 폴로늄 원천에서 나오는 알파 입자를 베릴륨에 쏘는 실험을 하던 중 그들은 방사선원으로부터 멀어지는 양전하를 띤 전자의 흐름을 관찰했다. 하지만 그들은 이것이 방사능 원천으로 다가가는 전자라고 해석해서 양전자의 발견 기회를 미국의 물리학자 칼 앤더슨Carl David Anderson에게 양보해야 했다.

이 안타까운 사건들은 이렌 퀴리와 졸리오-퀴리의 강점과 약점을 모두 보여 준다. 폴로늄 소스를 이용한 알파 입자 실험에서 그들은 어느 팀보다도 뛰어났다. 무엇보다 강력한 폴로늄 샘플로 양질의 알파 입자 원천을 만드는 데 이렌 퀴리를 능가하는 사람은 찾기 힘들었다. 또한 방사능에 관한 물리 분석과 화학 분석 모두에 뛰어난 것도 졸리오-퀴리 부부의 강점이었다. 이런 강점을 바탕으로 라듐연구소는 방사능 원소를 정제하고 규명하는 화학 쪽으로 연구 방향이 향해 있었다. 반감기가 3분 15초에 불과한 인의 동위원소를 화학적으로 분리해 낸 것도, 화학자들을 설득하려

그림 12.2 졸리오-퀴리 부부.

면 이런 작업이 필요하다고 생각한 것도 그런 이유 때문이었다.

이처럼 졸리오-퀴리 부부는 실험에 있어서는 물리, 화학 분야의 경계를 가리지 않고 동시대 타의 추종을 불허했지만 상대적으로 이론적인 부분이 약했다. 중성자나 양전자 발견의 기회를 놓친 것은 그들이 물리 이론적인 사고가 약했음을 보여 준다. 도대체 그 입자가 어디에서 왔는가, 그만큼 큰 에너지를 가질 수 있는가, 질량이 없는 감마선이 그에 비해 엄청나게 무거운 양성자를 움직이게 할 수 있는가 같은 물리적 질문을 던지는 데 익숙하지 않았던 것이다. 이에 비해 러더퍼드와 채드윅이 있었던 케임브리지의 캐번디시연구소는 방사능 현상을 원자 구조와 연결해 물리적으로 설명하려는 경향이 강했고 중성자의 경우에는 1920년 러더퍼드가 한 강연에서 그 존재를 예견했을 정도로 원자 구조에 대한 관심과 직관이 강하게 발달한 곳이었다.

인공 방사성 원소 변환 발견 이후 이렌 퀴리와 프레데리크 졸리오의 공동 연구는 줄어들었다. 이렌 퀴리의 논문 75편 중 두 사람의 공동 연구는 33편에 해당하는데 이들의 공동 연구는 1929년부터 4~5년간에 집중되었고 그 이후에는 각자의 길을 걸었다. 프레데리크 졸리오는 핵물리학 쪽으로 연구의 방향을 선회한 반면에 이렌 퀴리는 폴로늄을 이용한 방사능 연구에 계속 매진했다.

하지만 노벨상 수상 이후 이렌 퀴리는 몇 차례를 제외하면 대중의 시선 속에서 멀어져 갔다. 이렌 퀴리는 파시즘에 반대하는 좌파적인 정치적 입장을 가지고 있었고 이런 정치적 지향 속에서 1936년 잠깐 과학연구부 차관에 오르기도 했다. 이런 일을 제외하면 이렌 퀴리는 조용한 삶을 살았다. 라듐연구소에 몸담고 있었지만 연구소 운영은 부모님의 공동 연구자였던 드비에른에게 맡기고 본인은 연구에만 전념했다. 프레데리크 졸리오가 공산당에 가입하고 정치적 입장을 공개적으로 표명하며 2차 세계대전중에는 프랑스 레지스탕스를 이끈 것과는 대조적인 모습이다.

노벨상 이후, 그리고 2차 세계대전의 소용돌이 속에서 이렌 퀴리는 앞에 나서는 것을 포기했다. 그 대신 아이들을 돌보는 데 많은 시간을 썼다. 어린 딸을 시아버지에게 맡기고 연구에 빠져 산 어머니로 인해 느꼈던 외로움을 자신의 아이들에게는 물려주지 않으려 했다는 설명도 있다. 오랜 시절 방사능에 노출되면서 생긴 건강 이상도 이렌 퀴리의 연구와 사회 활동을 종종 중단시켰다. 1956년 이렌 퀴리는 예기치 못한 이른 나이에 세상을 떠났다.

13장

마이트너의 망명

1938년 7월 12일

1938년 7월 12일 밤, 베를린. 옆집 사람의 거동이 수상하다. 이웃에는 카이저빌헬름연구소에 다니는 노년의 여교수가 살고 있다. 교수는 유대인인데도 오스트리아 국적이라서 연구소에서 쫓겨나지 않고 있었다. 하지만 이제 그도 끝이다. 이제 오스트리아는 독일로 합병이 됐고 비아리아인의 공직 금지를 금하는 법에 따라 교수도 자리에서 내려와야 할 터이다. 그런데 이 밤중에 교수가 짐가방을 들고 차를 타고 떠난다. 독일을 떠나려는 걸까? 이웃은 경찰에 신고를 한다.

이웃 사람의 촉은 정확했다. 7월 12일 밤, 리제 마이트너는 30년을 보낸 베를린을 떠나기 위해 짐을 싸고 있었다. 이웃 사람은 늦은 밤 짐가방을 들고 나선 리제 마이트너를 목격했다. 신고를 받은 경찰은 아는 물리학자에게 확인을 했다. 물리학자는 경찰을 안심시켰다. 망명갈 사람이 낮에 학생의 논문을 고쳐 주었겠냐고. 그 물리학자는 마이트너의 제자였다. 제자의 기지가 아니었다면 우리는 마이트너의 이름을 유대인수용소 희생자 명단에서 찾았어야 했을지도 모르겠다.

집을 나선 마이트너는 30년 지기 동료 오토 한Otto Hahn의 집으로 향했다. 마이트너는 자신이 떠난다는 것을 아는 몇 명의 동료와 베를린에서 마지막 밤을 함께 보내고 다음 날 네덜란드로 향하는 기차에 몸을 실었다. 네덜란드까지 마이트너와 동행한 디르크 코스터르Dirk Coster는 그날 저녁 한에게 전보를 쳤다. "아기가 잘 나왔고 모든 것이 잘 됐다."

당시 독일의 기준에서 보면 마이트너의 네덜란드행은 '불법'이었다. 오스트리아가 독일과 합병되면서 독일인이 된 마이트너는 독일 여권이 필요했지만 독일 정부는 마이트너에게 새로운 여권을 발급해 주지 않았다. 아인슈타인처럼 '잘 알려진 유대인'이 외국에 나가 독일에 반대하는 목소리를 내는 사례를 더 이상 만들고 싶지 않았던 것이다. 다가오는 위기 속에서 마이트너의 국내외 동료들은 그를 안전한 해외로 내보내기 위해 다방면으로 애를 썼다. 미국에 먼저 자리를 잡은 유대인 물리학자 제임스 프랑크James Franck는 마이트너의 미국 이민 절차를 밟기 시작했고 닐스 보어는 스웨덴의 만네 시그반Manne Siegbahn을 통해 스톡홀름핵물리연구소에 마이트너의 자리를 하나 마련했다. 디르크 코스터르 등 네덜란드 동료들은 네덜란드 입국 허가를 받기 위해 동분서주했고 십시일반으로 돈을 모아 스톡홀름으로 떠나는 마이트너에게 건넸다. 이런 노력 덕에 1938년 8월 1일 마이트너는 스톡홀름에 무사히 도착했다. 60이 다된 나이에 새로운 곳에서, 이렇다 할 직함도 없이, 새 생활을 시작해야 했다.

원자폭탄의 시발점이 된 핵분열 발견

아이러니하게도 이렇게 절망적인 상황에서 마이트너의 인생 역작이 탄생했다. 핵분열을 발견한 것이다. 이는 베를린에서 오토 한, 프리츠 슈트라스만Fritz Strassmann과 함께 해 온 실험 연구의 연장선상에서 이루어졌다. 베를린을 떠나기 전까지 마이트너와 한, 슈트라스만은 우라늄에 중성자를 충돌시켜 우라늄(원자번호 92)보다 더 무거운 새로운 원소를 찾는 연구를 하고 있었다. 3~4년간 실험에 실험을 거듭했지만 우라늄보다 무거운 원소는 발견되지 않고 오히려 그보다 가벼운 토륨(원자번호 90), 악티늄(원자번호 89), 라듐(원자번호 88) 같은 가벼운 원소만 생성했다.

마이트너가 베를린을 떠난 후에도 한은 실험 결과를 마이트너에게 알려 왔다. 1938년 12월 한은 수상한 실험 결과를 전했다. 중성자를 흡수한 우라늄에서 생성된 동위원소를 분리하는 과정에서, 라듐을 분리할 때 바륨을 이용했는데 라듐이 바륨처럼 반응한다는 것이다. 이는 중성자와 충돌한 우라늄에서 라듐 대신 원자번호 56의 바륨이 생성된다는 것을, 우라늄보다 약간 가벼운 정도가 아니라 원자량이 반에 가까운 원소가 생성된다는 것을 의미했다.

편지를 받은 마이트너는 크리스마스 휴가를 같이 보내려고 온 조카 오토 프리슈Otto Frisch와 이 문제를 의논했다. 그들은 무거운 물방울에 가벼운 요동을 주면 작은 물방울 두 개로 분열하는 것처럼 무거운 원자핵도 중성자가 충돌하면 두 개의 작은 원자핵으로 분열할 것이라는 보어의 물방울 모형을 채택하여 이 현상을 설명했다. 오토 프리슈와 어떤 이야기를 나누었나 궁금해하는 한에게는 정확히 알리지 않은 채 둘은 이를 논문으로 작성했다. 그 무렵 한과 슈트라스만은 위에서 언급한 실험 결과를 공표했고 그로부터 열흘 만인 1939년 1월 16일, 마이트너와 오토 프리슈의 논문이 《네이처》에 출판되었다. 원자폭탄의 서막이 시작되었다.

1945년 8월 6일, 최초의 원자폭탄이 일본에 투하되었을 때 마이트너는 스웨덴 시골 마을의 친구 집에서 휴가를 보내고 있었다. 옆집 사람이 그 소식을 알려 줬고 곧이어 방송국에서 기자가 최초의 핵분열 발견자를 취재하러 시골 마을까지 달려왔다. 마이트너는 자신이 원자폭탄 연구에 참여하지 않았다는 점을 누차 강조했다. 두 번째 원자폭탄이 투하되었을 때는 미국 방송사에서 연락이 왔고 이번에도 그는 원자폭탄 연구와는 무관함을 강조했다. 이후 마이트너는 미국에 초청되어 미국 각지를 돌며 강연을 하고 명예 학위를 받으며 핵분열 발견자의 명성을 누렸고 스톡홀름에서도 이전보다 더 좋은 대접을 받았다.

그 무렵 핵분열의 또 다른 발견자인 오토 한은 영국에 구금되어 있었다. 전쟁 중 독일 원자폭탄 개발에 참여한 한은 연합군의 알소스 작전Alsos Mission에 따라 동료 과학자들과 함께 붙잡혀 영국 시골의 비밀 안가에 갇혀 독일의 원자폭탄 개발 진행 과정에 대해 심문 받고 있었다. 연합군이 넣어 준 신문을 보고 원자폭탄 투하 소식을 들은 한은 처음에는 그 사실을 믿지 않으려 했지만

그림 13.1 원자폭탄의 원리 발견에 기여한 리제 마이트너.

(독일 원자폭탄 개발 참가자들은 우라늄 임계 질량 계산을 잘못해서 전쟁 중 개발 가능성이 매우 낮다고 믿었다) 곧 그 소식에 절망하여 자살까지 생각했다.

누가 핵분열 발견의 우선권을 차지하는가

두 사람의 상반된 처지를 뒤집은 것은 노벨상 발표였다. 1945년 노벨위원회는 전쟁으로 미룬 1944년 노벨 화학상 수상자로 오토 한을 선정했다. 선정 이유는 핵분열의 발견이었다. 노벨 화학상은 세 명까지 공동 수상이 가능했지만 마이트너나 슈트라스만은 수상자 명단에 없었다.

한의 노벨 화학상 단독 수상은 마이트너와 한 중에 누가 핵분열을 발견했는가에 대한 우선권 논쟁으로 이어졌다. 우선권 문제는 우라늄 핵분열을 발견한 1939년부터 시작되었다. 한은 마이트너가 상의도 없이 오토 프리슈와 논문을 낸 것이 내심 서운했다. 거기에 닐스 보어는 1939년 2월《피지컬 리뷰》에 마이트너와 오토 프리슈의 핵분열 발견을 강조하는 글을 발표해 한을 더욱 서운하게 만들었다. 연쇄 반응과 그 과정에서 어마어마한 에너지가 방출된다는 사실 등도 연이어 발표되면서 한은 자신의 공헌이 과소평가되는 것처럼 느꼈다.

이런 한의 서운함 뒤에는 복잡한 상황이 놓여 있었다. 보어가 마이트너와 프리슈의 역할을 강조한 대척점에는 한과 슈트라스만이 아니라 미국의 과학자라는 요소가 놓여 있었다. 당시 미국 과학자들은 빠른 속도로 핵분열과 관련된 연구 결과를 내놓고 있었는데 보어는 이로 인해 미국 물리학자가 유럽 과학자를 제치고 핵분열 발견의 우선권을 인정받게 되는 것은 아닐까 걱정했다. 그런 점에서 보어는 마이트너와 프리슈의 발견을 강조했다. 한과 슈트라스만의 역할을 축소하려던 것이 아니라 한과 슈트라스만을 포함한 유럽 팀의 우선권을 강조하려던 것이었는데 이 사정을 모르는 한은 자신이 제외되고 있다고 느꼈던 것이다.

핵분열 발견이 물리학과 화학의 융합 연구라는 점도 한의 불안감을 높이는 데 영향을 줬다. 핵분열 과정의 이해에는 물리학과 화학이 모두 동원되었다. 중성자 충돌은 물리 분야, 그 후에 일어나는 화학 반응 분석 및 원소 확인은 화학 분야, 방사성 붕괴 과정 분석은 물리 분야 등 핵분열 자체는 물리와 화학의 경계 없

142

이 진행되었다. 마이트너의 연구팀에서 한과 슈트라스만은 화학적 분석을, 마이트너는 물리적 분석을 담당했다. 따라서 우라늄 원소의 핵분열 과정에서 바륨을 발견한 작업은 한과 슈트라스만이 주도했고 이것을 핵분열로 해석하는 일은 마이트너의 주도로 이루어졌다.

일단 발견이 이루어지자 핵분열은 화학보다는 물리학의 영역으로 넘어갔다. 핵분열 과정에서 일어나는 방사성 붕괴에 대한 연구와 연쇄 분열, 질량 감소, 에너지 방출과 같은 연구가 연이어 이루어지고 폭탄의 가능성까지 논의되면서 문제의 주도권은 물리학자에게로 넘어갔다. 그들은 마이트너와 프리슈의 논문에 관해 이야기했지만 한의 논문에는 상대적으로 큰 관심을 두지 않은 것이다. 주인공이지만 무대에서 밀려나고 있다는 생각이 한을 지배했다. 그럴수록 그는 자신과 슈트라스만의 우선권을 주장했다.

"1939년 3월 3일, 리제! …… 당신과 오토 프리슈가 논문에서 최대한 객관적이려고 했다는 것을 나는 확신합니다. 그 점은 전혀 의심하지 않아요. 하지만 당신이 그 견해를 제대로 피력했는가에는 의문이 생길 수도 있을 것 같아요. 우라늄 분열의 우선권이 점차 슈트라스만과 나에게서 멀어져 가고 있다고 오토 에르바허와 쿠르트 필립이 말했는데, 점점 그들 말이 맞다고 해야 할 것 같습니다."

마이트너는 발견이 당연히 한과 슈트라스만의 것이고 자신의 공헌은 그것을 고전적인 물방울 모델에 근거하여 설명한 것이라며 오해를 풀고자 했지만 우선권에 대한 집착으로 한은 마이트너

143

의 말을 받아들이지 않았다. 심지어 그는 1939년 1월에 낸 논문에 자신이 썼던 구절마저 잊고 있었다. "핵화학자가 물리학자에 가까워졌다고 할지라도 우리는 그런 과감한 단계[핵분열]로 갈 수는 없습니다."

1945년의 노벨 화학상 선정은 전쟁으로 잠잠했던 우선권 문제를 다시 끄집어냈다. 물리학자들은 마이트너가 수상자 명단에 없는 것을 이해하지 못했고 마이트너도 자신과 오토 프리슈의 이름이 빠진 것을 이해하지 못했다. 슈트라스만도 자신의 이름이 없어 무척이나 서운했을 것 같다.

그다음 해인 1946년, 스톡홀름에 있던 마이트너는 수상을 위해 영국에서 온 오토 한과 오랜만에 재회했다. 반가운 재회였지만 속시원하게 기뻐하기도 어려운 처지였다. 한은 마이트너가 약간 쓸쓸한 표정이었다고 기억했는데 그것은 마이트너의 감정이기도 했지만 한 자신의 감정이기도 했던 것 같다. 핵분열이 마이트너와 슈트라스만과 몇 년에 걸쳐 함께 한 노력의 성과였다는 것은 누구보다 한 자신이 잘 알고 있었기에 자신의 단독 수상이 그저 기쁘기만 할 수는 없었다. 한은 노벨상 상금을 마이트너와 슈트라스만과 함께 나누었다. 마이트너는 그 돈을 기부했다.

한의 노벨 화학상 단독 수상에는 여러 가지 설명이 붙는다. 화학상이라서 물리학자인 마이트너는 받지 못했다고도 하는데 그러면 슈트라스만이 제외된 이유가 설명되지 못한다. 마이트너가 여자라서 배제되었다고도 하는데 여성 연구자에게 호의적이지 않았던 노벨위원회의 경향을 보면 어느 정도 그런 영향도 작용했을 것이라 생각된다. 하지만 그 이유만으로는 왜 슈트라스만이

144

빠졌는지는 설명되지 않는다. 한의 단독 수상에는 보어가 핵분열 발견에서 마이트너를 강조하면서 상대적으로 한의 역할을 축소한 것과 비슷한 맥락이 작용한 것으로 보인다. 포로 상태로 감금되어 있던 한을 굳이 노벨상 수상자로 선정한 것은 동료들의 응원과 지지를 국제적으로 알려서 한의 안전을 보장하기 위한 제스처인 것이다. 마이트너도 이런 식의 도움을 받은 바 있다. 나치 정권의 위협 속에서 플랑크를 비롯한 동료 물리학자는 매해 마이트너를 노벨상 후보자 명단에 올렸다. 비록 노벨상 수상으로 이어지지는 못했지만 말이다. 그런 정황을 이해하더라도 오토 한의 단독 수상은 여러 면에서 아쉬움이 남는 결정이었다. 다행히도 1966년 미국 에너지부에서 수여하는 엔리코 페르미상은 마이트너와 슈트라스만, 한이 공동으로 수상했다.

나치가 정권을 잡지 못했다면, 그래서 마이트너가 독일을 떠날 일이 없었더라면 이들이 우선권을 두고 기분 상할 일이 있었을까? 마이트너는 새로 자리 잡은 스톡홀름에서 자신의 입지를 확인시켜 줄 성과가 필요했고 한은 반反나치주의자로 베를린에서 압박을 받으면서 자신의 안전을 보장해 줄 성과가 필요했다. 그런 외부적 압박이 없었다면 지금쯤 우리는 세 사람의 이름이 나란히 올라간 논문을 볼 수 있지 않았을까?

14장

하이젠베르크와
보어의 만남

1941년 코펜하겐

1941년 9월 덴마크 수도 코펜하겐. 독일 물리학자 베르너 하이젠베르크Werner Heisenberg가 덴마크 물리학자 닐스 보어를 방문했다. 두 사람 모두 양자물리학의 발전에 끼친 눈부신 공로를 인정받아 노벨 물리학상을 수상한 저명한 학자였다. 그에 더해 당시 39세였던 하이젠베르크는 당시 55세였던 보어와 사제지간이기도 했다. 젊은 하이젠베르크에게 보어는 존경하는 스승인 동시에 물리학자로서 경력 및 연구와 관련된 중요한 선택의 순간마다 항상 조언을 아끼지 않은 자상한 멘토이기도 했다. 하지만 2차 세계대전이 한창이던 1941년 덴마크는 독일 제3제국의 점령하에 있었기에, 하이젠베르크와 보어는 독일의 전쟁 연구에서 핵심적 역할을 수행하는 점령국과 피점령국의 물리학자로 만날 수밖에 없었다. 이 난처한 상황을 상징하듯 하이젠베르크가 코펜하겐을 방문한 공식 목적은 옛 스승을 만나는 것이 아니라 나치 선전 행사에 참석하는 것이었다.

　이 만남이 흥미로운 이유는 만남의 내용에 대해 양측의 설명이 극적으로 어긋나기 때문이다. 마치 이중 슬릿 실험에서 측정 장치를 어떻게 설치하는지에 따라 빛이 입자의 속성과 파동의 속성을 드러내듯 1941년 코펜하겐 만남에 대해 보어와 하이젠베르크는 서로 양립 가능하지 않은 '측정' 결과를 내놓았던 것이다.

불확실성과 확실성 사이에서,
하이젠베르크의 진짜 의도

하이젠베르크의 '측정' 결과는 그의 지적 회고록인《부분과 전체 Der Teil und das Ganze》에 자세하게 제시되어 있다. 이 책에는 고등학생 시절의 단편적 기억에서부터 1960년대 중반까지 하이젠베르크의 삶의 모습과 사유의 흔적이 기록되어 있다. 하지만 머리말에서 하이젠베르크가 고대 그리스의 역사학자 투키디데스를 인용하며 스스로 인정하고 있듯이, 이 책은 역사적 사실을 정확하게 기록한 비망록은 아니다. 그보다는 그의 삶의 결정적 지점에서 강렬한 인상을 남긴 만남과 대화를 사후적으로 재구성한 것이다. 그 덕분에 다른 회고록에 비해 장들 사이의 유기적 응집력이 높은 편이다. 반면 이 책은 2차 세계대전이 끝난 후 전범으로 의심받기도 한 하이젠베르크가 자신의 전시 중 행동을 암묵적으로 정당화하려는 의도로 저술된 것일 수도 있기에 독서에 주의가 필요하다.[1]

사실 1941년 만남에 대한 하이젠베르크의 '해명'이 처음 등장하는 곳은, 1956년 독일에서 출간된 로베르트 융크의 책《천 개의 태양보다 더 밝은Heller als tausend Sonnen: Das Schicksal der Atomforscher》을 읽고 그가 융크에게 보낸 편지에서다. 편지에서 하이젠베르크는 1941년 보어와의 만남에서 과학자가 핵무기를 개발하는 것이 도덕적으로 허용될 수 있는지를 논의했다고 기억하면서, 자신의 원래 의도는 보어에게 핵무기 개발에 참여하는 과학자가 도덕적으로 정당하지 않은 이유를 들으려는 것이었는데 그 의도가 '정확하게' 전달되지 않아 대화가 어색하게 끝났다고 회고한다.

하이젠베르크는 자신이 1927년 제안한 불확정성 원리를 1930년 '현미경' 사고 실험을 통해 설명했다. 현미경을 통해 전자의 위치를 정확하게 측정하기 위해서는 파장이 아주 짧은 광자를 사용해야 하는데 그렇게 되면 광자의 운동량이 커져서 전자의 운동량에 교란을 줄 수밖에 없다. 이 교란을 피하려고 파장이 긴 광자를 사용하면 운동량 교란은 피할 수 있겠지만 그 대신 위치 측정이 부정확해질 수밖에 없다. 주목할 점은 이때까지 하이젠베르크는 자신의 원리가 미시 세계 측정 과정에서 필연적으로 수반되는 교란의 결과라고 해석했다는 점이다. 즉 1930년의 하이젠베르크는 측정하려는 양자적 속성에 본질적으로 (즉 존재론적으로) 불확정성Unbestimmtheit/indeterminacy이 있는 것이 아니라 우리가 사용하는 측정 장치(즉 인식론적 도구)가 측정 결과의 불확실성Unsicherheit/uncertainty을 가져온다고 생각한 것이다. 이는 하이젠베르크의 불확정성 원리를 교환 가능하지 않은 연산자에 대응되는 물리적 측정이 갖는, 원리적 불확정성으로 이해하는 현대의 표준적 입장과는 다른 해석이다. 즉 전자의 위치와 운동량은 원래부터 확정되어 있지만 우리가 정확하게 알 수 없는 '불확실한' 것이기보다는, 처음부터 오직 부분적으로만 확정되어 있는 '불확정적'인 물리량이라는 생각이 현대의 표준적 해석인 것이다.[2]

재미있는 점은 하이젠베르크가 보어와의 대화를 회고하면서 정확히 이런 종류의 '불확실성'을 동원하고 있다는 것이다. 하이젠베르크는 자신이 대화 중에 사용한 언어적 표현이 그의 '의도'를 보어에게 정확하게 전달하는 데 실패한 불완전한 표상이었다는 점을 아쉽게 여긴다. 결국 하이젠베르크 입장에서 그의 '의도' 자체는 존재론적으로 확정적이었지만 불확실하게, 즉 오해되어 보어에게 전달되었던 것이다.

하지만 하이젠베르크의 설명과 달리 그와 보어의 대화가 진정으로 불확정적이었을 가능성이 보어의 대안적 회고를 통해 제기되었다. 로베르트 융크는 하이젠베르크에게서 받은 편지를 발췌하여《천 개의 태양보다 더 밝은》의 덴마크어판에 수록했고 이 책을 읽은 보어는 격노했다. 융크는 하이젠베르크에게 받은 편지 내용을 소개하면서 하이젠베르크가 자신이 독일의 핵무기 개발을 저지하기 위해 일종의 '태업'을 했다고 말했는데 이 점에 대해 보어는 강하게 반발한다.

비록 하이젠베르크가 1956년 편지에서는 이런 주장을 직접적으로 하진 않았지만《부분과 전체》에서는 이런 취지의 주장을 매우 구체적으로 하고 있다. 하이젠베르크는 결국 독일이 전쟁에서 승리하지 못할 것이며 그렇게 되면 전후 독일을 비롯한 세계는

그림 14.1 1934년 코펜하겐에서 열린 학술대회에서 만난 하이젠베르크(왼쪽)와 보어(오른쪽).

원자력의 평화적 이용을 추구하게 될 것이기에 자신은 그때 필요한 핵물리학의 기초 연구를 수행했을 뿐 적극적으로 핵무기 개발에 동참하지 않았다고 주장했다. 거기에 더해 자신은 나치 관계자에게 핵무기 개발은 엄청난 자원 투여가 필요하기에 '원리적'으로는 가능하지만 실제로 이 전쟁에서 사용하기는 어려울 것이라는 전망을 여러 차례 전달했다고 주장하기도 했다. 하이젠베르크는 자신이 이처럼 핵무기 개발의 '현실적' 어려움을 강조함으로써 실제로 독일의 핵무기 개발을 지연하는 효과를 거두었다고 은근히 암시하는 셈이다.

하이젠베르크의 의도는 불확정적이지 않다

하지만 1941년 만남에 대한 보어의 '측정' 결과는 하이젠베르크의 그것과는 명백하게 달랐다. 보어는 융크의 책과 그에 수록된 1941년 만남에 대한 하이젠베르크의 회고와 관련해 1947년 하이젠베르크에게 보내려고 편지를 쓴다. 보어의 수많은 다른 편지처럼 끝내 보내지 못하고 보어 아카이브에 보관된 편지는, 하이젠베르크와 보어의 1941년 코펜하겐 만남을 다룬 마이클 프레인의 희곡〈코펜하겐〉이 1998년 런던에서 초연되고 큰 파문을 불러 일으키자 다른 관련 문헌과 함께 대중에 공개되었다.[3]

보어는 이 편지에서, 1941년 만남에서 하이젠베르크가 자신과 동료 독일 과학자들이 지난 2년간 집중적으로 핵무기 개발과 관련된 문제를 연구해 왔으며 자세한 기술적 사안에 대해 말할 수는 없지만 핵무기의 실현 가능성에 대해 확신한다고 말했다고 기억한다. 비록 하이젠베르크가 독일 과학계의 거물이었지만 점령국 과학자인 보어와의 대화에서 군사 기밀에 해당하는 독일 핵무기 개발에 대해 자세하게 말하는 것은 불가능했을 것이다. 그래서 하이젠베르크와 보어 모두 각자의 회고에서 하이젠베르크의 핵무기 관련 언급이 암시적이고 간접적이었다는 점을 인정한다.

이러한 상황의 모호함, 특히 두 사람의 회고 모두 코펜하겐 만남 이후 15년 이상 지난 후에 이루어졌다는 사실을 고려할 때, 연극〈코펜하겐〉이 두 사람 사이에 이루어진 대화를 좀 더 자유롭게 묘사하고 있음을 이해해 줄 수 있을 것이다. 연극에서 보어가 기억하는 하이젠베르크는, 보어에게 연합국의 과학자와 연락이 닿는지를 타진한 후 보어를 통해 연합국의 핵무기 개발 상황을 알아내려고 시도하는 것으로 묘사된다. 하지만 정작 하이젠베르크는 자신이 독일의 핵무기 개발을 최대한 지연하고 있다는 점을 연합국 과학자에게 알려서 연합국에서도 끔찍한 핵무기 개발이 이루어지지 않도록 보어가 노력해 주기를 에둘러서 말했다고 기억한다. 한편 하이젠베르크가 기억하는 보어는 핵무기 개발이 현실적으로 가능하다는 하이젠베르크의 단언에 깜짝 놀라는 반응을 보인다. 하지만 보어는 자신도 하이젠베르크가 말해 주기 전에 당연히 핵무기 개발이 원리적으로 얼마든지 가능하다는 점을 알고 있었고, 자신이 놀란 이유는 단지 하이젠베르크가 핵무기 개발이 실질적으로 독일에서 이루어지고 있음을 당당하게 말했기 때문이었다고 기억한다.

이처럼 1941년 코펜하겐에서 이루어진 만남이 정확히 어떤 성격이었는지에 대해 두 당사자의 기억은 상당히 다르다. 게다가 1941년 만남 직후 아내에게 쓴 편지에서 하이젠베르크는 이 만남이 이전의 만남과 별반 다르지 않은 "화목하고 즐거운" 시간이었다고 적었다. "보어는 큰 소리로 책을 낭송하고 나는 모차르트 피아노 소나타를 쳤다"라고 말이다. 결국 1941년 하이젠베르크와 보어의 만남은 역사적 실체의 수준에서 하이젠베르크의 불확정성 원리를 따르고 있는 것처럼 보인다.

정말 그럴까? 하이젠베르크는 여러 저술을 통해 자신이 나치의 국가사회주의에 반대했음에도 불구하고, 페르미를 비롯한 여러 친구의 망명 권유를 뿌리치고 독일에 남아 정권에 협조하는 '타협'을 했던 이유는 2차 세계대전에서 독일이 패망할 것을 예견하고 전후 독일의 재건을 미리 준비하기 위해서였다고 말했다. 그 과정에서 유대인이었기에 망명할 수밖에 없는 동료 과학자에 비해 자신은 더 어려운 선택을 해야만 했다고 해명한 것이다.

이러한 해명과 일관되게 하이젠베르크는 자신이 독일의 핵폭탄 개발 계획의 책임자이기는 했지만 제조에 소요될 비용을 실제보다 훨씬 크게 예측하여 연합국이건 독일이건 현실적으로 전쟁이 끝나기 전에 핵폭탄 개발이 불가능할 것으로 판단하고 독일 당국에도 그렇게 보고했다고 주장했다. 자신이 실제로 수행했던 연구는 오직 전후 예상되는 원자력의 평화적 이용을 위한 원자로 연구에 한정되었다는 것이다. 그런 이유로 자신을 비롯한 독일 핵개발 팀원은 전쟁 직후 영국에 감금되어 조사를 받는 과정에서 미국이 히로시마에 핵폭탄을 투하했다는 소식을 듣고 매우 놀랐다는 것이다. 여기에 덧붙여 하이젠베르크는 미국의 과학자가 자신들의 과학기술적 발명품이 무고한 인명을 살상하는 데 사용되지 않도록 좀 더 노력했어야 했다고 비판하기도 했다.

하지만 이런 하이벤베르크의 주장은 보어를 비롯한 다른 물리학자의 진술이나 당시의 기록과 어긋나는 점이 많다. 여러 과학사 연구자가 최근 공개된 나치 치하의 비밀 자료를 분석하여, 하이젠베르크가 나치 정권의 모든 정책을 지지하지는 않았지만 2차 세계대전에서 승리 가능성을 믿었으며 이런 배경에서 전쟁 관련 연구를 적극적으로 수행했다는 점을 보여 주었다.[4] 자신의 조국이 어떤 이유에서건 전쟁을 치르는 상황에서, 독일 최고의 과학자 대우를 받는 시절에조차 항상 이방인이었던 아인슈타인과 달리 젊은 시절 독일 민족 중흥 운동에 적극적으로 참여한 경력을 가진 하이젠베르크로서는 나치를 위한 전쟁 연구에 반대하기 어려웠을 것이다. 하지만 전쟁 시기 자신의 활동이 '소극적 태업'이었다는 그의 기억은 여러 객관적 자료에 비추어 볼 때 자기기만일 가능성이 높다. 이런 맥락을 고려할 때 1941년 하이젠베르크와 보어의 만남은 그 구체적인 대화의 내용에 있어서는 상당한 불확실성이 남아 있고 그 내용의 윤리적 함의에 대해서는 상당한 논쟁의 여지가 있지만 하이젠베르크적 의미로 '불확정적'이기는 어려워 보인다.

15장

독일 과학자들이
원폭 투하 소식을 들었을 때

1945년

1945년 8월 6일, 일본 히로시마에 원자폭탄이 투하되었다. 최초의 우라늄 핵폭탄이었던 '작은 소년Little Boy'의 위력은 이름과 달랐다. 원폭 투하 후의 히로시마는 부서진 건물 잔해가 만든 잿빛만이 가득했다. 과학자 대표로 히로시마를 시찰한 한 미국 과학자는 히로시마의 참상에 충격받았다. 원폭 개발에 참여한 연합군 과학자도 자신들의 연구 결과가 가져온 비극을 앞에 두고 과학자의 사회적 책임에 대해 진지하게 고민하기 시작했다.

영국에 억류되어 있던 독일 과학자도 히로시마의 원폭 투하 사실에 충격을 받았다. 하지만 그 충격은 대서양 너머에 있는 동료들의 것과는 크게 차이가 났다. 이제 팜홀Farm Hall에 있었던 독일 과학자들이 원폭 투하에 어떤 반응을 보였는지 살펴보자.

독일 과학자들은 원자폭탄을 개발할 수 있었을까

1945년 7월, 독일 원자폭탄 개발에 참여했던 10명의 과학자는 영국군 비밀 안가 팜홀에 억류되어 있었다. 이들이 여기 오기까지는 우여곡절이 있었다. 독일의 패전이 현실로 다가오자 미 육군에서는 알소스 작전을 펼쳐 독일 핵무기 개발에 참여한 과학자들을 찾아냈다. 독일 원자폭탄 개발 프로젝트의 최고 책임자 발터 게를라흐Walther Gerlach,[1] 프로젝트의 중핵인 베르너 하이젠베르크 등이 붙잡혔고, 원폭 개발에 직접 참여하지는 않았지만 관련된 것처럼 보인 막스 폰 라우에Max von Laue와 오토 한도 함께 붙잡혔다.

알소스 특공대의 과학 분야 책임자는 전자 스핀으로 유명한 물리학자 사무엘 구드슈미트Samuel Goudsmit였다.[2] 네덜란드 출신 유대인인 구드슈미트는 진작에 미국 대학에 자리를 잡았지만 네덜란드에 남은 그의 부모는 유대인 학살의 희생자가 되었다. 구드슈미트는 부모를 살리고자 백방으로 도움을 청했고 그중에는 하이젠베르크도 있었지만 별 도움을 받지 못했다. 그보다 전에는 미국에서 함께 전시 연구를 하자고 하이젠베르크를 설득한 적도 있었지만 하이젠베르크는 독일에 본인이 필요하다면서 독일에 남는 선택을 했다. 이런 이유로 구드슈미트는 하이젠베르크를 비롯한 독일 핵무기 개발 과학자에게 동료로서 특별한 호의를 베풀지 않았다. 그는 연합군이 이미 원자폭탄 개발에 성공했다는 사실을 알았지만 옛 친구들에게 한 조각의 정보도 주지 않았다. 핵무기 개발에서는 독일이 앞서 있다고 믿은 채 알소스 특공대에 붙잡힌 독일 과학자 중 몇몇은 연합군 연구에 합류하기 위해 미국으로 갔고 남은 열 명의 과학자는 벨기에 수용소로 이송되었다.[3]

이미 핵무기 개발에 성공한 연합군에게 독일 핵무기 과학자의 가치는 어디에 있었을까? 새로운 핵무기 개발 정보 측면에서는 별 가치가 없었지만 소련과의 관계에서는 문제가 달랐다. 그들이 가진 정보가 소련에 넘어가는 것을 원치 않은 연합군 측에서는 이들을 어떻게 처리할지 고민했는데 한 미군 장군 입에서 그냥 모두 사살해 버리면 간단하지 않겠냐는 말까지 나왔다. 영국군 과학 책임자로 참여한 한 과학자는 국제적 동료애를 발휘했다. 나치의 핵무기 개발이 어디까지 이루어졌는지 조사해야 한다는 이유를 들어 독일 과학자들을 영국 케임브리지셔의 시골 마을 팜홀로 데려왔다. 제대로 된 식사, 가벼운 산책, 자유로운 토론에 정중한 예우까지 전쟁 이후 오랜만에 흡족한 대접을 받았다.

하지만 그들이 모르는 것이 하나 있었다. 팜홀 내부 모든 곳, 개인 침실까지 도청 장치가 설치되어 그들의 대화는 모두 녹취되었고 일주일에 한 번씩 미 육군 레슬리 그로브스 장군의 책상 위에 영어로 번역된 녹취 보고서가 올라 갔다. 독일 과학자들은 한두 차례 도청 가능성을 의심했지만 영국이 독일 비밀경찰을 따라오려면 한참 걸릴 것이라는 이상한 자만심 속에서 그 가능성을 가볍게 무시했다. 그로브스 장군이 1960년대에 녹취록의 존재를 폭로해 '엡실론 작전'이라는 이름하에 펼쳐진 도청 사실이 알려졌고 그 녹취록은 1990년대에 가서 일반에 공개되었다.[4]

1945년 8월 6일 히로시마 원폭 투하 소식을 들었을 때 독일 과학자들의 첫 반응은 무엇이었을까? 과학자로서의 죄책감? 연합군과의 핵무기 레이스에서 졌다는 패배감? 독일이 핵무기 투하에서 벗어난 것에 대한 안도감? 아니면 핵무기 성공 요인에 대한 과학적 호기심?

팜홀 책임자 리트너 소령에게서 첫 소식을 전해 들은 것은 핵분열 발견자 오토 한이었다. 한의 첫 반응은 죄책감이었다. 자신의 발견이 수천, 수만의 사람을 죽음으로 몰아넣었다는 점에 충격을 받은 그는 처음 이 가능성을 알았을 때 자살까지 생각했다며 한동안 마음을 진정하지 못했다.

알코올의 힘을 빌려 마음을 진정한 한은 저녁 식사 자리에 모인 독일 과학자들에게 이 소식을 알렸다. 그들의 첫 반응은 부정이었다. 우리도 못 한 걸 연합군이 해냈다고? 믿기 힘들었다. 하이젠베르크는 원자폭탄의 가능성을 다음과 같이 부정했다.

원자폭탄에 대해 그들이 우라늄이란 단어를 사용했나요? …… 원자와는 관련이 없을 수도 있습니다. …… 원자폭탄에 대해 별로 아는 게 없는 미국인 간호사가 허풍을 쳤다고밖에 생각할 수 없습니다. '이걸 떨어뜨리면 2만 톤의 고성능 폭약과 그 효과가 똑같을 거야'라고요. 하지만 실제로 작동하지는 않았을 겁니다.[5]

허풍이었으면 좋겠다는 하이젠베르크의 기대는 BBC의 공식 방송으로 무참히 깨졌다. 폭탄 투하는 허풍이 아니었고 그것은 자신들이 개발하려던 그 원자폭탄이었다. "미국인들이 우라늄 폭탄을 가졌다면 너희 모두는 이류가 된 것이군. 불쌍한 하이젠베르크."[6] 한이 사태를 냉정하게 평가했다.

독일 과학자들의 꽤 많은 논의가 원자폭탄의 기술적 요소에 집중하여 이루어졌다. 이와 관련해서 오랫동안 과학사학자 사이에 논란이 된 것은 독일 과학자, 그중에서도 하이젠베르크가 우라늄 235의 임계질량을 제대로 알았는지였다.

히로시마에 떨어진 원자폭탄은 농축 우라늄 235를 사용한 폭탄이었다. 자연 상태의 우라늄 중 99.28%는 우라늄 238 상태로 존재하고 겨우 0.72%만이 그보다 중성자가 3개 적은 우라늄 235로 존재한다. 우라늄 238에서 핵분열 시 방출되는 중성자는 그 속도가 느려서 연쇄적인 핵분열 반응을 일으킬 수 없는 반면 우라늄 235에서 방출되는 빠른 중성자는 주변의 우라늄에 충돌하여 추가적인 핵분열을 유발할 수 있다. 이런 핵분열이 연쇄 반응으로 이어지는 데 필요한 최소 질량을 임계질량이라고 하는데 우라늄 235에서 임계질량은 50㎏ 정도에 해당했다. 즉 최소 50㎏ 이상의 농축 우라늄 235가 있어야 핵폭탄 제조가 가능하다는 말이다.[7]

독일 과학자들이 이 임계질량을 알고 있었는가? 하이젠베르크가 임계질량을 제대로 계산했다는 것을 보여 주는 문서를 소련이 입수했다는 소문이 돌기도 했지만 실제로 공개된 적은 없어 그 소문의 진위는 확인되지 않았다. 팜홀의 녹취록에서는 그 정보를 찾을 수 있을까? 원폭이 투하된 저녁, 하이젠베르크가 한 말을 들어 보자.

원폭 소식을 여전히 믿기는 어렵지만 내가 틀렸을 수도 있겠지요. 약 10톤의 농축 우라늄이 있다면 가능하겠지만 순수한 우라늄 235

10톤을 가지고 있을 수는 없을 겁니다.[8]

이 말만 보면 하이젠베르크는 임계질량을 너무 크게 잡은 것 같다. 그런데 이어지는 대화에서 한은 흥미로운 질문을 던진다.

하지만 자네가 [우라늄] 235 50kg만 있으면 된다고 한 이유를 말해 보게. 지금 자네는 2톤이 필요하다고 말하고 있잖나.[9]

한의 질문에 따르면 하이젠베르크는 우라늄 235의 임계질량이 50kg이라고 여러 차례 말해 왔던 것으로 보인다. 그런데 팜홀 저녁 식탁에서 그는 톤 단위로 임계질량을 말했다(둘의 대화에서 1톤이냐 2톤이냐 하는 구체적인 수치는 중요하지 않다). 킬로그램이든 톤이든 간에 중성자 반응의 평균 자유 행로mean free path가 크다는 것이 그의 추론의 근거였다. 조금 후에 하이젠베르크는 생각을 정리해서 다음과 같이 근거를 밝혔다.

순수한 [우라늄] 235라면 각각의 중성자가 즉시 두 명의 자식을 만들어 매우 빠르게 연쇄 반응이 일어날 겁니다. 그러면 다음과 같은 계산이 가능합니다. 순수한 235에서 중성자 하나가 두 개의 새로운 중성자를 만듭니다. 즉 10^{24}개의 중성자를 만들려면 반응이 80번 일어나야 한다는 말입니다. 따라서 80번의 충돌이 필요하고 평균 자유 행로는 6cm가 됩니다. 80번 충돌을 얻으려면 [우라늄] 덩어리 반지름이 54cm 정도가 되어야 하는데 그게 1톤 정도 될 겁니다. …… 다음 방법을 쓰면 그보다 양이 적어도 가능하기는 할 것 같습니다. 빠른 중성자를 되돌리는 반사판으로 덮으면 4분의 1 정도만 있어도 됩니다. 납이나 카본으로 반사판을 만들면 밖으로 나가려는 중성자를 되돌아가게 할 수 있습니다.[10]

팜홀에서의 언급만 놓고 보면 하이젠베르크는 임계질량을 제대로 알지 못한 것으로 보이지만 한이 한 말을 보면 이미 전부터 하이젠베르크는 제대로 알고 있던 것으로 보인다. 하이젠베르크의 진실은 무엇일까? 하이젠베르크만이 알 것이다. 흥미로운 점은 팜홀 녹취록에 나타난 임계질량을 둘러싼 혼란은 후에 세련되게 정리되어 독일 과학자가 자신들의 전쟁 연구를 변호하는 중요한 근거가 되었다는 것이다. 전후 하이젠베르크를 비롯한 핵무기 과학자는 그 혼란이 의도된 것이라고 주장했다. 우리는 이전부터 임계질량을 정확히 알고 있었지만 부풀려 말했다. 그렇게 함으로써 전쟁 중 핵무기 개발을 어렵게 보이게 하는 방식으로 나치에 저항했고 평화 시를 대비하여 원자력 발전 연구는 계속해 나갔다. 우리는 할 능력이 있었지만 인류를 위해 무기 개발을 하지 않은 도덕적인 과학자들이다, 라고.

정말 알면서도 의도적으로 속인 것일까? 이어지는 논의를 살펴보면 그 주장이 맞을까 고개를 갸웃거리게 된다. 자 이제 임계질량에 이어지는 동위원소 분리 방법에 대한 독일 과학자들의 논의를 살펴보자.

독일 과학자들의 정신 승리법

우라늄 235는 자연계에 0.72% 밖에 없어서, 임계질량을 얻으려면 우라늄 235를 우라늄 238로부터 분리하여 농축하는 과정이 필요하다. 2차 세계대전 미국의 원폭 개발의 핵심 중의 하나가 바로 우라늄 235의 분리 농축법 개발에 있었다. 미국에서는 사이클로트론의 자석과 질량 분석법mass spectroscopy을 결합하여 개발한 전자기적 분리 방법, 기체의 무게에 따라 확산 속도에 차이가 나는 것을 이용한 기체 확산법, 무거운 기체는 저온에, 가벼운 기체는 고온에 모이는 원리를 활용한 열 확산법 등을 통해 우라늄 235를 분리 농축했다. 산업체와의 협력으로 실험실 수준의 방법을 공장 수준의 양산 체제로 발전시킬 수 있던 것이 미국 핵무기 개발의 중요한 성공 요인이었다. 그 결과 1945년 6월까지 생산된 우라늄 235는 총 5770kg이었다. 하이젠베르크의 1톤 임계질량을 기준으로 한다고 해도 5기의 원자폭탄 생산이 가능한 수준이었다.

독일 핵무기 개발에서 동위원소 분리는 어느 정도까지 진행되었을까? 연합군의 원폭 소식을 들은 독일 과학자들이 가장 궁금해한 부분이 바로 동위원소 분리 방법이었다. 전쟁 직전인 1939년 우라늄 235 분리 능력은 1mg도 안 되는 수준이었다. 그랬는데 어떻게 폭탄을 만들 수 있는가? 독일 과학자들은 가능한 분리 방법을 모두 떠올렸다. 카를 프리드리히 폰 바이츠제커Carl Friedrich von Weizsäcker는 원심 분리기를 떠올렸고 한은 질량 분석기를, 쿠르트 디브너Kurt Diebner는 광화학 처리법을 제시했다. 하이젠베르크는 "많은 가능성이 있지만 우리가 아는 게 없다는 점

은 확실하지요"라고 말했고 여기에 뷔르츠는 "우리가 시도해 본 건 하나도 없지요"라고 덧붙였다.[11]

그런데 동위원소 분리 방법을 모른다는 하이젠베르크의 말은 반만 맞다. 사실 독일 과학자들은 미국에서 사용한 분리 방법 각각에 대해서 이미 잘 알고 있었다. 전자기적 분석 방법에 이용된 질량 분석법은 팜홀 대화 속에서 여러 차례 등장했다. 열 확산법은 독일 물리화학자 클라우스 클루시우스Klaus Clusius가 1939년 염소 동위원소 분리 시 개발한 방법으로 팜홀에서는 '클루시우스 방법'이라는 이름으로 종종 거론되었다. 기체 확산법도 그들의 대화에서 언급되었다. 몰랐던 것은 무엇일까? 다음 대화를 보자.

폰 바이츠제커: 클루시우스의 분리법을 생각해 보지요. 많은 사람이 동위원소 분리 연구를 했는데 어느 멋진 날 클루시우스가 방법을 알아냈습니다. 원심 분리법을 제외한다면 의도적이든 아니든 간에 우리는 동위원소 분리 문제를 완전히 무시했습니다.

하이젠베르크: 그렇긴 하지만 정교한 방법이 없었으니까요. 238에서 234를 분리하는 것과 238에서 235를 분리하는 것은 매우 힘든 작업입니다.

하트렉: 작업을 할 인원이 완전히 갖춰져야 하는데 우리에게는 충분한 수단이 없었습니다. 수백 개의 우라늄 유기물을 만들어서 실험실 조교들로 하여금 체계적으로 분석하고 화학적 분석도 하게 해야 하지만 거기에는 그런 일을 할 사람이 없었습니다. 하지만 어

떻게 해야 하는지는 분명하게 알고 있었지요. 백 명 넘게 고용해야 한다는 것이었지만 그것은 불가능했습니다.[12]

하트렉의 말을 보면 이들의 상상은 실험실 테이블 수준에 묶여 있던 것으로 보인다. 실험실 테이블에서 이루어지는 소규모의 분리 방법으로 임계질량을 얻어내려면 수백 명의 '실험실 조교'가 필요했지만 전시 상황에서 이는 불가능했다. 질량 분석기는 하루에 1mg을 분리해 낼 수 있으니까 수십만 개의 질량 분석기가 필요한데 한 대에 100달러짜리 저렴한 질량 분석기라도 수천만 달러가 들고 그걸 돌릴 수십만 명의 사람이 있어야 했다. 모든 방법에 대해 독일 과학자들은 실험실 수준의 소규모 분리 방법으로 대량의 인원을 동원하여 수행할 수 있는 가능성만을 따졌다. 수백 명에서 수십만 명까지 필요 인원을 상상했고 그때마다 독일 과학자들은 미국에서는 가능했을지라도 우리에게는 불가능한 일이라는 결론에 도달하며 위안을 얻었다.

미국의 성공에 비추어 봤을 때 그들에게 부족한 것은 인원만은 아니었던 것 같다. 분리 방법의 과학적 원리에서는 그다지 새로운 것이 없었다. 부족한 것은 실험실 테이블 수준의 분리 방법을 공장 수준의 대량 생산 체제로 전환하는 규모의 상상력과 협업의 경험이었다. 미국에서는 제너럴 일렉트릭 같은 산업체와의 협력을 통해 공장에서 우라늄 235의 대량 생산에 들어갔던 것이고 여기에는 산업체 엔지니어와 과학자 간의 협력 체계 구축 및 상호 신뢰가 중요하게 작용했다. "미국은 거대한 규모의 협력을 진짜로 할 수 있다는 것을 보여 줍니다. 독일에서는 불가능한 일이죠.

각자 상대방은 중요치 않다고 하니까요."¹³ 30대 젊은 과학자 호르스트 코르싱Horst Korsching은 독일 과학자 간의 관계를 비판했다. 공식적으로도, 비공식적으로도 그런 말은 하면 안 되고 내 말에 토 달지도 말라는 최고 책임자 게를라흐의 경고가 이어진 것을 보면 독일 과학자 간에 수평적인 협력 관계가 있지 않았던 것으로 보인다.

독일 과학자들의 논의를 보면 독일 핵무기 개발에서는 동위원소 분리 시도가 한 번도 제대로 이루어진 적이 없는 것 같다. 여기 비춰 보면 임계질량을 50kg이라고 했다가 1톤이나 2톤이라고 했던 하이젠베르크의 혼란도 어느 정도는 이해가 된다. 50kg이든 1톤이나 2톤이든 상관없이 모두 불가능한 값이라는 점에서 매한가지로 여겨진 것은 아닐까. 처음부터 불가능하다고 여긴 독일 과학자들이 시도도 안 하는 사이, 미국에서는 0.72%의 우라늄235를 전자기적 방법으로 10%까지 농축하고 다시 그것을 열 확산법과 기체 확산법으로 농축하고 또 다시 전자기적 방법으로 농축하는 과정을 거듭했다. 우라늄을 분리하는 '정교한 방법'이 없기는 미국도 마찬가지였다.

기술적 논의 외에도 독일 과학자들에게서는 다양한 반응이 나왔다. 폰 바이츠제커는 우리가 원폭 개발을 못한 것은 독일의 모든 물리학자가 원하지 않았기 때문에 그런 것이고 우리 모두가 독일의 승리를 원했다면 우리는 성공했을 것이라며 자기 합리화를 했다. 그 옆에서 한은 그렇게 생각하지 않는다고 찬물을 뿌리면서 성공하지 못해서 감사하다고 말했다. 한은 독일이 원폭 개발을 하지 못한 점을 진심으로 다행으로 여긴 것 같은데, 독일의 실패에 괴로워하며 오열하는 게를라흐를 위로하면서 원자폭탄 같은 비인간적인 무기를 만들지 못한 걸 신에게 무릎 꿇고 감사 드린다는 진심을 전했다. 프로젝트 최고 책임자인 게를라흐는 여러 면에서 머리가 복잡했다. 책임자로서 그는 프로젝트의 성공을 이끌지 못한 것에 대한 비난의 공포를 강하게 느꼈다. 그래서 안전해질 때까지 한 2년간 외국에 머무르려 생각하기도 했다.

독일로 돌아온 후 하이젠베르크를 비롯해 독일 핵무기 프로젝트에 참여한 물리학자는 원폭 개발에 뒤쳐졌다는 무능력의 낙인과 나치에 부역했다는 부도덕의 낙인을 어떻게 지울지 고민했다. 독일 과학자의 과학적 무능력에 대한 공격의 대표주자는 구드슈미트였다. 구드슈미트는 독일 과학자들은 원자폭탄과 원자로의 차이를 인지하지 못한 채 처음부터 원자로 개발에만 집중했고 동위원소 분리 연구는 제대로 하지도 못했고 자만감에 차서 연합군의 능력을 과소평가했다고 주장했다.[14] 이에 맞서 독일 과학자들은 원자폭탄과 원자로의 차이를 알고 있었고(이 점에 대해서는 구드슈미트도 후에 자신의 오해를 인정했다), 연구할 능력이 있었지만 도덕적 이유로 원폭 개발을 적극적으로 하지 않았다는 주장을 이어나갔다. 소극적 태업이라는 이들의 주장은 1956년 나온 로베르트 융크의 《천 개의 태양보다 밝은》에 소개되고 이 책이 베스트셀러가 되면서 대중적으로 널리 퍼지게 되었다.[15] 국내에 번역된 아르민 헤르만의 하이젠베르크 전기에서도 이런 식으로 하이젠베르크의 핵무기 개발 참여를 설명하면서 독일 과학자들의 태업설은 꽤 많이 알려졌다.[16]

1990년에 팜홀 녹취록이 공개되면서 독일 핵무기 개발 과학자의 태업설은 상당 부분 그 설득력을 잃었다. 연합군의 핵무기 개발 성공에 대해 당황스러워하는 그들의 감정적 반응과 임계질량에 대한 혼동, 동위원소 분리법에 대한 기술적 무지는 적어도 할 수 있는데 안 한 것은 아니라는 점을 분명하게 보여 주었다.[17]

16장

마리아 괴페르트 메이어가
첫 봉급을 받았을 때

1946년

1946년 마리아 괴페르트 메이어Maria Goeppert Mayer는 40년 인생에 걸쳐 처음으로 물리학자로서 제대로 된 일자리를 얻었다. 박사가 된 직후부터 15년 동안 그의 이름 앞에는 '자원봉사'라는 수식어가 붙어 다녔다. '자원봉사 조교수'라는 창의적인 타이틀을 달고 다닌 적도 있었다. 1946년 마리아 괴페르트 메이어는 시카고대학과 아르곤국립연구소에 각각 파트타임이기는 했지만 연구원으로 일하게 되면서 제대로 된 봉급을 받았다. 이와 함께 남의 연구를 돕는 일을 벗어나 그녀 자신의 독립적인 연구를 진행하기 시작했다. 이때 시작한 원자핵 껍질 모델 연구로 마리아 괴페르트 메이어는 1963년 노벨 물리학상을 수상했다.

여성 과학자의 슬픔

노벨상의 역사가 100년이 넘었지만 2025년까지 노벨 물리학상을 받은 여성 과학자는 2018년 도나 스트리클런Donna Strickland, 2020년 안드레아 게즈Andrea Ghez, 2023년 안 륄리에Anne L'Huillier를 포함해 총 다섯 명에 불과하다(나머지 한 명은 마리 퀴리이다). 그런데 여성 수상자가 다섯 뿐이 안 되는데도 마리아 괴페르트 메이어의 이름은 낯설다. 그녀의 원자핵 연구가 보어의 전자 궤도에서 시작된 20세기 원자모형 발전의 연속선상에 놓여 있어 상대적으로 이론적 참신함이 커 보이지 않았다는 것이 그 이유가 될 수 있을 것이다. 파리에 유학 온 외국인 여성의 불굴의 성공기를 보여준 마리 퀴리나 남성 과학자 사회에서 희생양의 전형처럼 그려지는 로절린드 프랭클린 Rosalind Franklin 같은 여성 과학자에 비해 드라마틱한 인생 스토리가 없다는 점도 그녀를 주목하지 않게 만들었다. 하지만 이런 평범함 때문에 마리아 괴페르트 메이어는 과학자로 살아가는 동시에 현모양처의 전통적 미덕을 교육받은 수많은 여성 과학자가 겪는 어려움을 잘 보여 준다.

그림 16.1 노벨상 수상식에 참석한 마리아 괴페르트 메이어.

마리아 괴페르트에게는 두 명의 역할 모델이 존재했다.[1] 첫 번째는 괴팅겐대학의 소아과 교수인 아버지 프리드히리 괴페르트 Friedrich Göppert다. 마리아 괴페르트는 교수 가문의 전통을 이어 6대째 교수가 된 아버지의 뒤를 이어 자신도 과학을 공부하고 교수가 되리라는 것을 의심치 않았다. 아버지는 무남독녀 외동 딸에게 일식 관측용 검은 렌즈를 만들어 주며 과학 공부를 격려 했고 딸을 현모양처로 키우려던 어머니의 잔소리로부터 딸의 과학적 호기심을 보호해 줬다. 마리아 괴페르트 메이어는 천상 과학자였던 아버지를 더 좋아했지만 사교성 있는 교수 부인의 역할에 충실한 어머니 또한 그녀의 역할 모델 역할을 했다. 괴팅겐의 교수 부인에게는 홈파티를 열어 괴팅겐대학의 사교 모임을 이끄는 역할이 주어졌는데 어머니 마리아 괴페르트는 그중에서도 단연 돋보이는 사람이었다. 밤이 늦어 밴드가 돌아가면 새벽까지 직접 피아노를 치고 노래를 부르며 괴페르트가에서 열리는 파티를 흥겹게 만들었다. 마리아 괴페르트는 과학자와 현모양처라는 두 가지 모델을 동시에 받아들였고 두 역할 모두를 좋아했지만 현실 세계에서 두 역할을 조화하는 것은 그다지 녹록한 일이 아니었다.

1930년 박사학위를 받을 때까지 그녀가 간 길은 아버지를 닮아 있었다. 괴팅겐대학에 입학한 마리아 괴페르트는 수학자 다비트 힐베르트David Hilbert의 총애를 받았으며 행렬역학을 발전시킨 막스 보른Max Born 밑에서 양자역학을 전공했고 양자역학의 이론, 특히 수학 계산에 뛰어난 면모를 보였다.

하지만 남편 조셉 에드워드 메이어Joseph Edward Mayer를 따라 미국 존스홉킨스대학으로 옮겨 마리아 괴페르트 '메이어'가 된 후에는 그 길을 계속 걸어가기가 쉽지 않았다. 교수 부인으로서 마리아 메이어는 그녀의 어머니가 그런 것처럼 아이를 낳아 기르고 동료 학자, 특히 유럽 출신 학자들을 위해 흥겨운 파티를 열며 그 역할을 충실히 해 나갔다. 하지만 연구에서는 아버지처럼 교수가 되기가 쉽지 않았다. 교수의 친인척, 특히 교수 부인의 고용을 막는 친족고용금지법에 따라 그녀의 존스홉킨스대학 취업은 금지되었다. 그 법이 없었더라도 남성 과학자마저 일자리를 잃던 1930년대 대공황기에 여성 과학자가 번듯한 일자리를 얻기는 힘들었다. 양자역학의 발전이 유럽보다 한발 뒤처져 있던 미국 물리학계의 상황도 마리아 메이어에게는 불리하게 작용했다. 미국 물리학계에서는 양자역학 전공자를 그리 우대하지 않은 것이다. 물리학과는 그녀에게 독일 물리학자와의 교류를 돕는 간단한 일을 맡겼고 연구는 남편이나 유럽에서 온 한 물리화학자와만 공동으로 진행할 수 있었다.

능력이 출중한 비정규직, 동시에 교수 부인. 이 모순된 두 지위의 공존에 주변 사람들은 불편해했다. 그중에서 가장 불편해한 사람은 마리아 메이어 본인이었다. 1939년 남편이 존스홉킨스대학에서 해고되자 그녀는 자신의 존재로 인해 남편이 불이익을 받은 것이 아닌가 싶어 죄책감을 느꼈다. 다행히 남편이 컬럼비아대학에 자리를 잡아 가족은 모두 뉴욕으로 이주했다. 컬럼비아에서 그녀는 '자원봉사 조교수'라는 이상한 타이틀을 얻었다. 이는 월급은 주지 않겠지만 연구는 해도 된다는 학교 측의 이상한 배려였다.

정규직과 월급이 제대로 된 연구를 만든다

1946년 메이어 가족은 그녀가 미국에서 처음으로 연구자로 환영받게 되는 시카고로 이주했다. 그녀는 시카고대학의 물리학과와 핵연구소, 그리고 아르곤국립연구소에 반반씩 고용되었다. 파트타임이었지만 그녀는 시카고에서 인생 처음으로 자신의 연구를 통해 제대로 된 월급을 받았다. 월급보다 더 중요한 것은 여기서부터 그녀의 제대로 된 연구가 시작되었다는 점이다. 지금까지 누군가의 조수로서 타인의 연구를 돕는 입장에서 벗어나 이제 본격적으로 자신의 프로젝트를 시작할 수 있게 되었다.

시카고의 분위기는 그녀에게 호의적이었다. 파시즘과 나치를 피해 미국으로 온 다수의 유럽 출신 과학자가 이곳을 고향처럼 느끼게 해 주었다. 1938년 노벨 물리학상을 받은 이탈리아의 엔리코 페르미Enrico Fermi, 1925년 노벨 물리학상 수상자이자 괴팅겐대학에서 그녀의 박사 논문 심사에 참여한 제임스 프랑크James Franck, 곧 수소폭탄의 아버지로 악명을 떨칠 헝가리 출신의 에드워드 텔러Edward Teller가 시카고에 있었다. 그녀는 특히 텔러와 학문적 교류가 많았는데 곧 그와 함께 원소의 기원에 관한 연구를 시작했다.

이 연구에서 마리아 메이어는 자연계에 동위원소가 풍부하게 존재하는 원소의 목록을 만드는 일을 했다. 이 과정에서 원자핵에 포함된 양성자나 중성자의 수가 50개이거나 82개일 때 동위원소의 종류가 많다는 사실을 깨달았다. 예를 들어 양성자의 수가 50개인 주석에는 10개의 동위원소가 존재했다. 중성자의 수가

172

50인 원자핵에도 6개의 원소의 동위원소가 존재했고 중성자 수가 82개일 때는 7개의 동위원소가 존재했다.

마리아 메이어는 이 수들이 소위 말하는 '마법수magic number' 에 해당한다는 사실을 깨달았다. 마법수는 1933년 독일 물리학자 발터 엘자서Walter Elsasser가 찾아냈다. 엘자서는 전자껍질 모형을 원자핵에 적용하여 중성자나 양성자의 개수가 2, 8, 20, 28의 마법수에 해당할 때 중성자나 양성자는 특정 에너지 준위를 꽉 채우고 원자핵의 결합 에너지가 커져 안정된다는 주장을 내세웠다. 하지만 그의 주장은 20까지는 잘 맞았지만 28에는 잘 맞지 않았다. 원자핵 껍질 모형에 회의적이었던 물리학자 유진 위그너 Eugene Wigner는 원자핵 껍질 모형에 회의를 표하면서 이 숫자들을 '마법수'라고 비꼬았다.[2]

위그너를 비롯해 당시 물리학자는 원자핵 껍질 모형에 회의적이었다. 전자껍질 모델에서는 원자핵이 만든 포텐셜 우물potential well 주변 궤도에 전자가 있는 것으로 상정했다. 하지만 원자핵에는 중성자와 양성자가 있고 그 두 핵자 간의 상호 작용이 강해서 전자껍질 모델을 적용하기 어려울 것이라고 생각했다. 대다수의 물리학자는 원자핵을 균질한 물방울처럼 생각하는 물방울 모형 liquid drop model을 더 선호했다. 보어가 제안한 물방울 모형이 핵분열 현상을 성공적으로 설명했다는 것도 이 모형에 대한 신뢰를 높였다.

이런 상황에서 마리아 메이어는 2, 8, 20, 28 외에 50, 82, 그리고 중성자의 경우에는 126도 마법수에 해당하는 것을 발견했다. 그녀는 엘자서의 논문에 주목했고 원자핵 껍질 모형을 적용해서 마법수의 의미를 해석하고자 했지만 20이 넘는 마법수에서 난관에 부딪혔다. 그 모델을 그대로 적용하면 28 대신 30이 마법수가 되어야 했다. 이때 페르미의 한 마디가 실마리를 던져줬다. 페르미는 중성자나 양성자의 스핀과 궤도 사이의 커플링을 고려해 보라고 조언했다. 즉 핵자 입자의 스핀 방향과 궤도 회전 방향이 반대거나 같을 때 그로 인한 상호 작용으로 인해 안정적인 에너지 준위에 변화가 나타나는 것이다. 이를 반영하여 중성자나 양성자의 원자핵 내의 에너지 준위를 계산하자 마법수가 도출되었다. 메이어의 연구를 통해 원자핵 내의 각 핵자는 다른 핵자들에 영향받지 않고 원자핵 내의 평균장에서 움직인다는 점이 밝혀졌다.

마리아 메이어는 원자핵의 껍질 모형을 입증하는 증거들을 〈원자핵의 닫힌 껍질에 관하여On Closed Shells in Nuclei〉라는 제목으로 1948년과 1949년 《피지컬 리뷰》에 출판했다.[3] 그 무렵 메이어는 독일의 연구자도 비슷한 연구를 하고 있다는 소식을 전해 들었다. 독일 연구자들은 메이어와는 전혀 교류가 없는 채로 독립적인 연구를 수행했다. 과학사에서 흔히 나타나는 동시 발견 혹은 복수 발견이라고 하는 사건이 대서양을 사이에 두고 일어나고 있던 것이다. 그중 한 명인 한스 옌센J. Hans D. Jensen과 1950년 처음 만나 공동 연구를 시작했고 두 사람은 껍질 모형에 관해 함께 책을 냈다.

껍질 모형을 연구하면서 마리아 메이어의 삶은 평탄하게 나아갔다. 1956년에 미국과학아카데미의 회원으로 뽑혔고 1960년에는 UC 샌디에이고대학 물리학과 교수가 되어 54세 나이에 생애 처음으로 번듯한 정규직에 올랐다. 하지만 곧이어 뇌졸중이 그녀를 덮쳤다. 이로 인해 정교수가 되어 하려던 여러 계획을 모두 실현하지는 못했지만 어느 정도 건강이 회복된 후에는 연구를 이어나갔고 그 공로로 1963년 노벨 물리학상을 4분의 1씩 나눠 가졌다. 나머지 2분의 1은 마법수에 회의적이었던 위그너에게 돌아갔는데 그는 두 사람과는 별개의, 원자핵에 대한 이론적 연구로 노벨 물리학상을 수상했다.

마리아 괴페르트 메이어의 삶은 과학 연구, 특히 여성의 과학 연구에 몇 가지 시사점을 던져 준다. 첫째는 독립 연구자로서의 지위를 갖는 것의 중요성이다. 성공적인 연구학파의 조건을 연구한 과학사학자 모렐은 그 조건 중 하나로 가능한 빨리 자신의 이름을 달고 논문을 출판하는 것의 중요성을 꼽았다. 자신의 이름을 단 논문 출판은, 지도 교수의 조수로서 연구를 돕는 역할에서 벗어나 스스로 자신의 연구 주제를 가지고 독립적인 연구를 수행한다는 것을 의미한다. 마리아 괴페르트 메이어의 노벨상 수상연구가 제대로 봉급을 받은 1946년부터 시작되었다는 것은 이런점에서 의미가 있다. 그전에도 그녀는 몇 번 연구로 돈을 받기는 했지만 정기적이지 않았고 대부분 다른 사람들의 연구 계산을 돕거나 다른 연구 프로젝트의 조수 역할을 맡았다. 1946년부터 제대로 봉급을 받으면서, 다시 말하면 독립 연구자로 인정받기 시작하면서 그녀의 연구는 제대로 된 성과를 냈다. 독립 연구자로서의 학문적, 사회적 지위의 확보는 생산성 있는 연구를 위해 매우 중요한 조건이 되는 것이다.

첫 번째 시사점과 관련된 두 번째 시사점은, 여성 연구자의 독립 연구자로서 지위에 관한 것이다. 마리아 괴페르트 메이어나 그보다 먼저 노벨 물리학상을 받은 마리 퀴리를 보면 남편의 존재는 여성 연구자가 독립 연구자로 인정받는 데 있어 오히려 득보다는 실이 되는 경우가 많았다. 물론 구체적인 양상은 달랐다. 마리 퀴리는 남편이 공동 연구자이기에 조수로 여겨진 반면 마리아 괴페르트 메이어는 미국 대학의 친족고용금지법이 크게 작용했다. 마리 퀴리의 경우에는 남편 피에르 퀴리도, 마리 퀴리 본인도 마리 퀴리가 독립 연구자로서 인정받도록 많은 노력을 기울인 반면 마리아 괴페르트 메이어는 남편도, 본인도 이를 위해 큰 노력을 하지 않은 점도 다른 양상이라고 할 수 있다. 마리아 괴페르트 메이어는 오히려 자신의 존재가 남편에게 방해가 되는 것이 아닐까 죄책감을 느끼기도 하면서 독립 연구자로서 자신의 존재를 부각하지 않으려고 했다. 그래서 컬럼비아대학에서 연구 공간만 제공하면서 '자원봉사 조교수'라는 이상한 직함을 주었을 때도 크게 불만을 표시하지 않았던 것으로 보인다. 아버지에게서 배운 연구자로서의 역할과 어머니에게서 배운 현모양처로서의 역할 사이의 균형 잡기 속에서 그녀는 독립성에 대한 욕구를 강하게 드러내지 않았다.

17장

'낯선' 지능을 소개한 튜링

1950년 맨체스터

1876년 스코틀랜드 철학자 알렉산더 베인Alexander Bain이 창간한 유서 깊은 철학 잡지《마인드》는 20세기 내내 옥스퍼드대학을 근거지로 영미 철학사에 중요한 족적을 남긴 논문들을 출간했다. 이 잡지의 1950년 10월호에는 당시 편집장인 철학자 길버트 라일 Gilbert Ryle의 초청으로 수학자이자 컴퓨터공학자인 앨런 튜링Alan Turing의 논문〈계산 기계와 지능Computing Machine and Intelligence〉이 게재된다.

이 논문에서 튜링은 '인공 지능'이라는 표현을 사용하지 않았지만 기계가 인간과 다른 종류의 지능을 보여 줄 가능성을 언급하면서 그 가능성이 정말로 성취되었는지 여부를 판단할 수 있는 일종의 지능 확인 검사를 제안한다. 훗날 '튜링 검사'로 알려진 이 지능 확인 검사와 더불어 튜링은 논문에서 인간에게는 매우 '낯선', 기계 지능에 대한 철학적 논의의 기초를 제시한다. 튜링의 이 논문은 튜링의 케임브리지대학 시절 탐구한 수학기초론에 대한 그의 연구 결과와 2차 세계대전 중 비밀리에 참여한 독일 군 암호 해독 과정에서 얻은 '조합성compositionality'에 대한 통찰, 1948년부터 맨체스터대학에서 수행한 '생각하는' 기계 제작 시도 모두가 결합된 결과물이다. 이 논문을 통해 튜링은 우리에게는 너무나 익숙한 정보 처리 기계의 시대를 열었다.

지능의 기계화,
'낯선' 정보 처리 기계를 설계하다

앨런 튜링은 영국의 수학자이자 컴퓨터과학자이다. 현재는 이 두 분야가 대부분의 대학에서 서로 다른 단과대학에 속해 있기에 이 두 직업명을 동시에 사용하는 것이 조금 이상하게 느껴질 수 있 다. 하지만 튜링의 시대에는 컴퓨터과학이라는 학문 분야가 막 생겨난 시기였고 그런 신생 학문인 컴퓨터과학의 탄생 과정에는 다양한 전문 분야가 기여했다. 그중에서도 튜링이나 폰 노이만처 럼 수학자들의 기여가 학문 성립 초기에 두드러졌다. 이들 수학 자의 연구가 컴퓨터과학이 어떤 주제를 탐구하는 분야인지 그것 이 어떻게 가능한지에 대한 수학적 초석을 놓았다.

중요한 점은 인류 문명의 전 시기를 거쳐 상당히 최근까지도 인간만이 이런 '계산'을 할 수 있는 유일한 지적 존재라는 생각을 받아들였다는 사실이다. 그래서 기계식 혹은 전자식 컴퓨터가 널 리 사용되기 전까지 '컴퓨터'라는 개념은 계산을 전문적으로 하 는 '사람'을 지칭했다. 예를 들어 현재는 프랑스 최고의 과학 인재가 다니는 에콜폴리테크는 18세기에 고급 장교를 양성하는 사관학교로 출발했다. 당시 교육 과정에서 핵심적인 위치를 차지한 탄도학은 발사된 포탄이 중력과 코리올리힘, 바람이 주는 마찰력 등 복합적 영향을 받아 어떤 경로로 날아가 어디에 떨어질 것인지 정확하게 '계산'하는 학문이었다. 결국 에콜폴리테크의 교육 목적 중 중요한 한 가지는 '계산 잘하는 사람'을 양성하기 위한 것이었다.

이처럼 고급 인지 능력의 대명사처럼 여긴 계산 능력에 있어서 지금은 아무리 뛰어난 계산 천재도 문구점에서 쉽게 살 수 있는 천 원짜리 계산기에도 당할 수 없다. 그러다 보니 자연스럽게 우리는 사칙연산과 같은 '단순한' 계산에 대해 하찮게 보는 경향이 있다. 그래서 우리는 이런 진부한 계산 능력이 상당히 오랜 기간 인간 지성의 위대함을 가장 잘 보여 주는 특징으로 간주되었다는 점을 납득하기 어려울 수 있다. 어떤 의미에서 우리가 그런 생각을 할 수 있는 이유는 튜링을 비롯한 계산과학 선구자의 노력으로 인간이 아닌, 잘 설계된 기계가 인간보다 계산을 더 빨리, 정확하게 할 수 있게 되었기 때문이다.

비록 컴퓨터의 설계 표준 경쟁에서는 튜링의 방식이 폰 노이만John von Neumann의 방식에 밀린 것은 사실이지만 인간이 계산 과정에서 보여 주는 '지능'을 인간이 아닌 기계 장치도 결과론적으로 보여줄 수 있다는 혁신적인 생각을 엄밀하게 이론화한 공로는 여전히 튜링에게 돌아가야 한다. 튜링은 자신의 수학적, 공학적 연구를 통해 우리가 현재 '정보 처리'라고 부르는 과정을 원칙적으로 모두 일종의 계산 과정으로 파악할 수 있으며 그 결과 튜링이 선도적으로 제시한 계산 기계인 튜링 기계는 원칙적으로 정보 처리 기계라는 점 또한 밝혔다. 결론적으로 튜링은 인간이 정보의 의미를 이해하고 이를 인지적으로 처리하여 결과를 얻어내는 과정을 기계가 인간의 의식적 경험과 전혀 다른 방식으로, 복잡한 계산의 결합으로 '흉내' 낼 수 있다는 점을 이론적, 실천적으로 보였다.

현재 우리는 자신이 무슨 일을 하는지도 모르면서 깜짝 놀랄만큼 '똑똑한' 일을 해내는 인공 지능에 당혹감을 느끼는 시대에 살고 있다. 튜링은 현재의 인공 지능을 비롯한 계산 기계가 인간에게는 매우 '낯선' 지능을 보여 주는 정보 처리 기계라는 점을 처음으로 밝혀낸 사람이었다.

기계적 계산 가능성을 탐구한 수학자

튜링은 1912년 런던에서 상중류upper-middle 계층 집안의 둘째 아들로 태어났다. 상중류 계층이라는 용어를 우리가 직관적으로 이해하기는 쉽지 않다. 이 계층은 귀족 가문은 아니지만 중산층이라고 보기 어려운 생활 습관과 사회 지도층 각계에 퍼져 있는 인맥으로 엮인 계층이다. 이들은 대개 자신들의 자녀를 이튼스쿨과 같은 명문 사립학교(영국 영어로는 복잡한 역사적 이유로 공립학교 public school라고 부른다)에 보내고 다른 계층의 사람과는 잘 어울리지 않는다.

튜링의 성장기도 당연히 상중류 계층에 속한 사람의 전형적인 패턴을 따랐다. 사실 튜링은 인도에서 태어날 뻔했다. 그의 아버지 줄리어스 튜링은 영국제국의 관리로 인도 남부의 넓은 지역을 관리하며 공무원으로서 화려한 경력을 쌓고 있었다. 줄리어스는 튜링의 어머니 에셜 사라 스토니와 유럽으로 향하는 배 위에서 만나 사랑에 빠졌다고 한다. 물론 두 사람 모두 상중류 계층에 속한 집안 사람이었다. 두 사람은 미국 횡단 여행을 함께 하며 사랑을 나누다가 아일랜드 더블린에서 결혼하고 인도에 정착했다. 하지만 튜링의 어머니가 튜링을 임신했을 때 인도의 열악한 교육 환경과 전염병을 염려한 튜링의 아버지가 어렵게 휴가를 얻어 온 가족을 런던으로 데려온 바람에 튜링은 런던에서 태어났다. 튜링의 아버지는 인도의 식민지 관리로서 영국에서 오래 머물 수 없었고 튜링의 어머니 역시 남편과 함께 있기 위해 튜링이 만 한 살이 겨우 넘었을 때 튜링을 다른 가족에게 맡기고 인도로 떠나 버렸다. 그 후 튜링의 어머니는 가끔씩 영국으로 돌아와 아들을 보긴 했지만 튜링은 부모의 따뜻한 보살핌을 모르고 자라면서 다른 사람과 잘 어울리지 못하고 내성적인 아이로 자라났다. 이 역시 당시 영국의 상중류 계층 집안의 일반적인 보육 방식이었다.

튜링은 어린 시절 당시 상중류 계층의 일반적인 관행에 따라 집에서 가정교사에게 외국어와 고전 교육을 받았고 이후에 1922년부터 1926년까지는 도셋에 있는 헤즐허스트예비학교, 1926년부터 1930년까지는 셔본학교라는 영국의 명문 기숙학교를 다녔다. 튜링은 기숙학교에서 끔찍한 시간을 보냈다. 얼마나 끔찍했는지 튜링은 훗날 자신의 인생에서 가장 불행했던 시기로 이 기숙학교 시절을 자주 언급했다. 당시 영국의 상중류 가정에서는 아이가 어느 정도 크면 기숙학교에 집어넣고 자주 보러 오지 않는 일이 흔했다. 하지만 부모의 정에 굶주렸던 튜링에게는 엄격한 학교 생활에 적응하기가 더욱 힘들었던 것 같다. 그래서인지 튜링은 영국에서 없어져야 할 나쁜 대표적 관행으로 기숙학교에서의 괴롭힘, 특히 선배가 후배를 노예처럼 부리고 체벌하는 전통을 꼽기도 했다. 튜링 연구자 중에서는 세속적인 가치나 권위에 대해 도전적인 그의 태도가 이 시기에 생겨났다고 보는 사람도 있다.

튜링이 학교 생활에서 심적으로 매우 힘든 경험을 한 것은 사실이지만 객관적으로는 두각을 나타낸 학생이었다. 상급생이 될수록 튜링은 학생 집단에서 중요한 위치를 차지하게 되었고 졸업 직전에는 자신이 속한 하우스의 우두머리가 되기도 했다. 특히 튜링은 수학과 과학을 매우 잘했다. 하지만 당시 영국 기숙학교는 그리스 로마의 옛글을 읽힘으로써 마음을 수양하고 격렬한 스포츠를 통해 신체를 단련하는 일을 강조했다. 과학과 수학에 대한 튜링의 재능은 누구도 부정하지는 않았지만 고전이나 스포츠 분야에서의 능력에 비해 덜 중요하게 평가되었다.

튜링은 셔본 기숙학교에서 그에게 큰 영향을 끼친 크리스토퍼 모콤이라는 학생과 만나게 된다. 모콤은 튜링처럼 수학과 과학을 좋아했지만 친구들과도 잘 어울리고 글씨도 단정하게 쓰는 촉망받는 학생이었다. 튜링은 모콤을 숭배했으며 모콤처럼 되기를 원했다. 모콤에 대한 튜링의 '첫사랑'은 후일 그의 동성애 성향의 첫 신호였다. 불행하게도 모콤은 학교를 마치지 못하고 결핵으로 사망하고 말았고 튜링은 이 일로 깊은 마음의 상처를 받았다.

튜링은 아주 우수한 성적으로 1931년 케임브리지대학 킹스칼리지에 장학생으로 입학했다. 대학에서 튜링은 기숙학교 환경에서와 달리 자신의 수학적 천재성이 인정받는다는 사실을 발견했고 이 상황 변화를 마음껏 만끽했다. 튜링은 '중심 극한 정리Central Limit Theorem'라는 통계학의 중요 정리를 독자적으로 재발견하며 자신의 수학적 재능을 입증하고 이를 계기로 케임브리지대학의 특별 연구원이 된다.

1935년 튜링은 수학기초론에 대한 강의를 듣고 당대 최고 권위의 독일 수학자 다비트 힐베르트의 야심 찬 계획이 젊은 신예 수학자 쿠르트 괴델Kurt Gödel에 의해 무산되었다는 사실을 알게 된다. 힐베르트는 모든 수학적 명제에 대해 그것이 참으로 증명 가능한지의 여부를 분명하게 규정된definite 방식으로 확인할 수 있는 방법을 요구했다. 간단하게 말하자면 힐베르트는 우리가 참이라고 믿는 모든 수학적 명제가 정말 참인지 여부를 직관에 호소하지 않고 엄밀하게 결정할 수 있는 증명 방법을 찾기를 원했다. 이 기획이 완성된다면 수학은 인식론적으로 매우 탄탄한 기초 위에 놓일 수 있게 된다. 힐베르트의 이 원대한 프로젝트를 힐베르트 프로그램이라 칭했다.

오스트리아 수학자 괴델은 이 문제를 수학을 형식화한 논리 체계에서의 증명 가능성으로 바꾼 다음 힐베르트의 계획이 실행 가능하지 않다는 점을 증명했다. 좀 더 풀어서 말하자면 괴델은 힐베르트의 엄격한 증명 요구를 일단 수학을 더 엄밀한 논리 체계로 표현하고 이를 '형식화'한다고 이해했다. 그렇게 형식화된 논리 체계에서 힐베르트가 요구하는 수준의 증명 가능성을 표현한 명제가 증명 가능하지 않다는 점을 보였다. 이를 괴델의 '불완전성 정리'라고 한다. 즉 괴델은 힐베르트가 원한 방식으로 수학을 누구도 부정할 수 없는 탄탄한 토대 위에 세우는 것은 불가능하다는 점을 보인 것이다.

하지만 수학 체계가 모순이 없다는 점을 비롯하여 수학적으로 중요한 명제가 힐베르트가 요구한 방식과 다른 방식으로 증명 불가능한 것은 아니다. 괴델은 이 사실 또한 증명했는데 요점은 우리가 수용하는 수학이 모순이 없고 참된 지식이라는 사실을 '느슨한' 방식으로는 증명할 수 있지만 좀 더 전문적으로는 한 수학 체계에 대한 엄밀한 증명은 그 체계를 포함하는 더 큰 수학 체계에서 가능하다는 점, 힐베르트가 원하는 것처럼 수학적으로 참인 명제를 모두 엄밀하게 증명하는 간단한 형식적 방법은 존재하지 않는다는 점을 증명한 것이다.

튜링은 괴델이 다룬 문제를 더 직관적으로 정의한 후 내용적으로 괴델의 정리와 동등한 내용을 일반적으로 증명했다. 튜링의 접근 방식은 수학기초론에서 힐베르트 프로그램에 집중한 후 '괴델 숫자화'라는 특정한 형식화 방식을 사용한 괴델과 달리 특정 수학적 명제가 증명될 수 있는 모든 가능성에 대한 일반적 접근을 취했다. 튜링은 어려운 문제를 풀 때마다 항상 지나칠 정도로 독창적이어서 원래 문제를 다른 사람이 상상할 수 없을 정도로 일반화해 해결하는 재주가 있었다.

튜링은 '분명하게 규정된'이라는 힐베르트의 요구 사항을 숫자를 쓰고, 지우고, 다음 항목으로 움직이는 것과 같은 극단적으로 단순한 기계적 행위를 통해 이루어질 수 있는 것으로 규정하자고 제안했다. 이렇게 되면 힐베르트나 괴델에게 있어서는 추상적이고 우리 마음이 이해하는 심상적 의미에서만 포착할 수 있던 '분명하게 규정된'의 의미가 물리적 공간 내에서 기계가 수행하는, 직관적으로 너무나 '분명하게 규정되는' 동작으로 정의된다. 튜링의 생각은 이러한 작용이나 동작은 누구에게나 명백하게 이해될 수 있으니 이런 명백하고 간단한 동작의 결합만으로 수학 명제의 참과 거짓이 결정될 수 있다면 힐베르트 프로그램은 실행 가능해질 것이다.

하지만 1936년 튜링이 도달한 결론은 괴델과 마찬가지로 부정적이었다. 괴델처럼 논리학의 추론 규칙으로 한정하지 않고 기계적으로 계산될 수 있는 모든 가능한 경우로 수학적 증명을 극단적으로 직관적으로 만들어도 힐베르트의 기대는 충족되지 않는다는 점을 증명했다. 흔히 튜링의 '멈춤 문제'로 알려진 그의 증명은 특정 수학적 명제의 참과 거짓을 유한한 기계적 단계를 거쳐 계산하고 그 계산 결과로 참/거짓 여부가 확정되면 더 이상 작동하지 않고 멈추는 기계를 상정했다. 그런 다음 수학적으로 의미 있는 문제 중에는 이 기계에 답을 요구했을 때 기계가 멈추지 않고 계속해서 작동하는 경우가 있다는 점을 증명했다. 그러므로 어떤 수학적 명제는 힐베르트가 요구하는 엄밀하고 분명한 방식으로 참/거짓을 판단할 수 없다.

물론 이 멈춤 기계에 의해 유한한 단계를 거쳐 참/거짓을 분명하게 판단할 수 있는 수학의 영역도 많은데 튜링은 이 영역을 '계산 가능한' 영역으로 정의했다. 그러므로 정리하자면 튜링은 수학적 명제 전체가 계산 가능하지는 않다는 점을 괴델보다 훨씬 일반적인 방식으로 증명했다.

하지만 튜링의 연구가 가지는 진정한 의의는 단순히 괴델의 정리를 일반화한 데 있는 것이 아니다. 튜링은 우리가 직관적으로는 알지만 명확하게 규정할 수 없는 '계산 가능하다'는 속성을 멈춤 기계라는, 직관적으로 쉽게 이해되는 기계 장치를 활용하여 정의했다. 훗날 튜링은 이 생각을 튜링 기계라는 더 일반화된 형태로 추상화한다. 튜링 기계란 유한한 시간 내에 작동하는 계산 기계로서 그 작동에 필요한 자원, 예를 들어 기억 장치, 기록 장치 등에 제한이 가해지지 않는, 즉 필요한 만큼 계속해서 확장할 수 있는 기계를 의미한다. 결론적으로 튜링은 직관적으로 계산 가능한 모든 문제는 그에 대응되는 '종류'의 튜링 기계로 계산 가능하다는 주장까지 한다. 이에 따르면 계산 가능성 개념 자체가 특정 튜링 기계로 계산 가능함을 의미하게 된다. 튜링은 이러한 대담한 생각을 자신의 생각과 논리적으로 동등한 주장을 한 프린스턴 대학의 논리학자 알론조 처치Alonzo Church의 지도하에 박사학위 논문을 쓰면서 공식적으로 제안하게 되는데 이를 튜링-처치 논제라고 한다.

보편 튜링 기계와 컴퓨터의 탄생

튜링 기계란 기계이긴 하지만 구체적인 대상으로서의 기계라기보다는 특정한 조건을 만족하는 기계 '종류'에 대한 추상적 개념이다. 튜링이 처음 고안한 튜링 기계는 물리적으로 테이프에 숫자를 쓰고 지우고 하는 방식이어서 매우 느렸지만 현재는 이와 원리적으로 동등한 과정을 전자적으로 처리하기에 사람이 덧셈을 하는 것보다 훨씬 더 빠르다. 다른 말로 하자면 튜링 기계는 인간이 지적인 작업, 예를 들어 덧셈을 하는 방식이 논리적으로 유일한 방식도 가장 효율적인 방식도 아니라는 점을 구체적으로 실증해 보여 준다.

튜링은 여기에서 더 나아가 모든 종류의 튜링 기계, 즉 모든 종류의 계산을 수행하는 프로그램을 수행할 수 있는, 그래서 결과적으로는 특수한 계산을 하는 모든 튜링 기계를 '흉내' 낼 수 있는 보편 기계를 상상했다. 이런 보편 튜링 기계는 원칙적으로 모든 종류의 계산을 수행할 수 있다. 이렇게 되면 모든 계산 가능한 작업은 보편 튜링 기계로 수행할 수 있게 된다. 튜링은 이런 보편 튜링 기계에 대한 이론을 만들고 실제로 이것을 기계적으로 구현하려 노력했다. 이런 의미에서 튜링은 수학자이자 컴퓨터공학자였다고 말할 수 있다. 사실 여러 가지 프로그램을 통해 다양한 일을 수행할 수 있는 우리의 컴퓨터가 튜링이 꿈꾼 보편 튜링 기계에 가장 가까운 형태이다.

비록 튜링이 계산 가능성을 기계적으로 해명하면서 당시에 널리 쓰이던 전신이라는 구체적 기계를 염두에 두긴 했지만 튜링-처치 논제를 주장할 때까지만 해도 튜링의 생각은 추상적인 수준에 머물러 있었다. 하지만 튜링은 2차 세계대전 중에 영국정보국을 위해 '수수께끼Enigma'로 알려진 독일의 암호 생성기를 연구하면서 계산기 제작의 핵심인 '조합성'에 주목하게 된다.

적군의 암호 체계를 해독하기 위해 튜링은 수많은 '컴퓨터'를 동원했다. 당시에 컴퓨터란 앞서 설명했듯이 계산을 하는 사람을 의미했다. 튜링은 수많은 '컴퓨터'를 한 방에 모아놓고 각각은 간단한 계산만 하게 지시한 후 그것을 엮어서 결국에는 암호의 전체 의미를 알아내는 성과를 이루었다. 튜링은 이 작업을 설계하고 감독하면서 흥미로운 사실을 발견했다. 계산 과정이 워낙 복잡하기에 그 전체 구조를 파악하고 있는 튜링을 제외하고 실제 계산을 수행하는 사람은 자신의 계산이 전체 작업에 비추어 어떤 '의미'를 지니는지를 전혀 모르고 주어진 계산만 수행하게 된다. 그럼에도 그 각각의 계산을 서로 잘 연결해 주면 당시 최고 수준의 독일 암호 체계를 해독하는 놀라운 성취를 할 수 있다.

튜링은 이 점에 주목했다. 계산하는 사람 각각의 역할은 간단한 기계 장치의 작동으로 대치할 수 있는, 인지적으로 비교적 단순한 작업이었다. 예를 들어 제대로 작동하는 튜링 기계라면 인간 컴퓨터가 하는 작업은 정확하고 더 빠르게 수행할 수 있었다. 그런데도 이런 간단한 기계 조작을 모두 결합하여 하나의 복합 기계를 만들면 암호 풀기나 논리적 추론, 수학 명제를 증명하기와 같이 지적으로 높은 수준의 작업도 해낼 수 있었다. 튜링은 이로부터 아무리 복잡하고 고도의 지적 능력이 요구되는 작업도 이를 잘게 쪼개서 각각은 비교적 간단한 계산 과정으로 대체할 수 있다면 이를 튜링 기계로 수행할 수 있다는 생각에 이르게 됐다.

중요한 점은 그 일을 수행하는 튜링 기계는 부분적으로든 전체적으로든 자신이 무슨 일을 하는지를 파악하지 못한 채 그 복잡한 일을 수행한다는 점이다. 그 전체의 의미를 아는 것은 오직 개별적인 단순한 계산이 어떻게 구조적으로 엮여 복잡한 연산 결과를 산출하는지 그 '설계' 내용을 아는 튜링과 같은 계산과학자뿐이었다. 결국 튜링은 이 전시 경험을 통해 현재 우리에게 익숙한 컴퓨터가 이론적으로나 현실적으로 가능하다는 깨달음을 얻은 것이다.

튜링은 여기에서 한 걸음 더 나아가 인간의 지능과 동등한 능력을 기계가 가지게 되는 시기가 조만간 도래하리라 예상하고 특정 기계가 정말로 지능을 가졌는지의 여부를 어떻게 알 수 있을 것인지를 고민했다. 튜링은 인간 지능의 본성에 대해 철학자들이 합의에 이르지 못하고 있음을 답답해했고 요원해 보이는, 지능의 정의에 의거한 검사가 아니라 누구나 동의할 수 있는 전제에서 근거한 검사를 제안했다. 누구도 인간이 지능을 가지고 있다는 점을 부인하지 않는다. 그러므로 만약 기계가 인간과 경쟁하여 뒤지지 않는 지적 행태를 보여준다면 인간과 마찬가지로 지능을 가진다고 간주해야 한다는 생각이었다. 기계가 지능을 가졌는지를 순전히 기계가 인간과 비교하여 얼마나 인간 지능을 잘 흉내 내는지, 좀 더 직설적으로 이야기하자면 기계가 인간적인 대화를 얼마나 인간과 구별되지 않을 정도로 잘 흉내 내는지 여부로 판단하는 '튜링 검사'는 이렇게 탄생했다.

튜링 검사의 특징은 두 가지이다. 하나는 지능에 대한 비교 검사라는 것이고 다른 하나는 통계적 결론을 내린다는 점이다. 검사자는 피검사자인 기계와 인간에게 오직 간접적인 방식, 즉 문자화된 대화의 형태로 질문하고 답변을 듣는다. 인간과 기계는 각자 자신이 진짜 인간이라고 검사자를 설득하기 위해 최선을 다해 질문에 답한다. 검사자는 인간처럼 진정한 지능을 가진 존재만이 대답할 수 있는 여러 질문을 던지고 이에 대한 답변을 종합하여 누가 진짜 인간이고 누가 기계인지를 판단해야 한다. 검사자가 기계를 선택하면 기계는 적어도 인간에게 부여되는 지능을 가진 것으로 인정된다.

여기서도 알 수 있듯이 튜링 검사에서 기계의 지능은 인간의 지능을 얼마나 잘 흉내 내는지에 따라 주어진다. 이는 튜링에게는 어쩔 수 없는 선택이겠지만 실제로 기계에게 공평하지 않은 특징이라고 할 수 있다. 이는 마치 외국인에게 한국의 전통문화에 대한 질문을 던진 후 잘 대답하지 못하면 지능이 떨어진다고 말하는 것과 마찬가지이기 때문이다. 만약 외계인이 튜링 검사를 받는다면 절대로 지능을 가진다고 인정받지 못할 것이다. 이런 의미에서 튜링 검사는 지나치게 인간 중심적이다.

물론 튜링에게 그런 비판을 하기는 어렵다. 지능에 대한 합의된 정의가 없다는 난처한 현실을 극복하기 위한 현실적 대안으로 누구나 인정하는 인간의 지능에 빗대어 기계 지능을 확인하려 한 것이기 때문이다. 튜링에게 누군가 외계인을 포함해 모든 지적 존재가 만족해야 할 지능의 기준을 수학적으로 명확하게 제시했다면 아마도 튜링은 그 기준에 입각해서 튜링 검사를 만들었을 것이다.

튜링 검사의 또 다른 특징은 주어진 질문에 대해 대답하는 대상이 지능을 가지고 있음을 보여 주는 답변이 하나 이상이기에 특정 기계가 튜링 검사를 통과했는지의 여부는 여러 번의 검사를 시행하여 '평균적으로' 기계가 인간보다 성적이 좋을 때로 한정해야 한다는 것이다. 실제로 특별히 '기계적인' 답변을 하는 인간과 짝지어진 기계는 우연히 한 번의 튜링 검사를 통과할 수도 있다. 튜링은 이렇게 평균적인 승률을 따져 시행된 튜링 검사를 통과할 기계가 곧 등장할 것이라 확신했다.

하지만 튜링 이후에 이루어진 인공 지능 연구는 이런 튜링의 확신을 실현하는 것이 생각보다 매우 어려운 일임을 밝혀냈다. 핵심은 인간의 '지적인 능력'을 흉내 내는 것이 어려워서가 아니다. 지적으로 매우 도전적인 문제라도 수학적으로 잘 정의할 수 있으면 컴퓨터는 인간보다 훨씬 효율적으로 그 문제를 해결할 수 있다. 그보다는 튜링 검사가 필수적으로 요구하는 언어 구사 능력이 기계로 구현하기에는 여러 난점이 많았기 때문이다. 그래서 현재까지 튜링 검사를 통과했다고 알려진 몇몇 사례는 대상자가 자신을 영어를 잘 못하는 외국 청소년이라고 소개해서 약간은 어눌하거나 독특한 대답을 심사자가 너그럽게(?) 이해한 경우에 한정되었다.

물론 최근 생성형 인공 지능의 눈부신 발전으로 적어도 튜링이 원래 고안한 대화 형식의 튜링 검사를 통과할 수 있는 생성형 인공 지능은 조만간 나올 것이라고 예상할 수 있다. 튜링의 기대보다는 더 오래 걸리긴 했지만 '인간 지능에 비추어' 지적이라고 평가될 수 있는 기계 지능이 실현된 것이다. 하지만 튜링 검사를 통과할 수 있는 기계 지능이 실현되었다고 가정해도 그 기계 지능이 우리에게는 매우 다른, '낯선' 종류의 지능이라는 튜링의 지적에도 함께 주목해야 한다. 아직까지도 최첨단의 기계 지능은 여전히 인간 지능을 인간과 전혀 다른 방식으로, '흉내 내고' 있다고 볼 수 있기 때문이다.

튜링의 비극적 최후

튜링은 전후 자신이 조국을 위해 전쟁 중에 한 일에 대해 기밀 유지의 이유로 인정받지 못했다. 게다가 맨체스터에서 컴퓨터를 제작하는 작업도 충분히 지원을 받지 못해 지지부진하게 되자 크나큰 좌절감에 빠졌다. 튜링은 이를 극복하기 위해 장거리 달리기를 시작하여 1948년 올림픽에서 영국 대표로 출전할뻔 했다. 하지만 튜링은 1952년 자신의 동성애 성적 취향으로 개인적 삶과 학자적 삶에 있어 결정적인 타격을 입는다. 그는 동네 술집에서 만난 매력적인 청년을 자신의 집에 초대해 함께 밤을 보냈는데 이 청년이 다음 날 집에서 몇 가지 물건을 훔쳐 간 것을 발견하고 순진하게(?) 경찰에 신고했다. 경찰은 범인을 잡았고 그 과정에서 튜링의 동성애 사실이 알려지게 되었다.

당시 법률에 따르면 튜링은 감옥에 가거나 잘못된 성적 취향을 교정하기 위해 남성 호르몬을 정기적으로 투여받아야 했다. 지금 기준으로 보면 가혹할 뿐 아니라 과학적으로도 근거가 없는 처벌이지만 당시에는 동성애란 남성을 남성답게 만들고 여성을 여성답게 만드는 성호르몬이 불충분해서 발생하는 질병으로 규정했다. 그래서 동성애 남성에게는 남성성을 증강해 줄 수 있는 남성 호르몬을 동성애 여성에게는 여성성을 증강해 줄 수 있는 여성 호르몬을 처방해 줌으로써 이 질병의 치유가 가능하다고 보았다. 결국 감옥 대신 튜링은 성호르몬 치료를 받았고 수많은 부작용에 시달려야 했다. 이 모든 고초를 겪으며 튜링은 심리적으로 크게 충격을 받게 되었고 결국에는 1954년 마치 화학 실험을 하다가 실수로 독극물에 감염된 것처럼 꾸며서 자살로 생을 마감한다. 자살 현장에는 반쯤 먹다 남은 독사과가 놓여 있었다. 자신이 풀기 위해 몰두하던 독일 암호 체계만큼이나 수수께끼 같은 삶을 살다간 사람에게 어울리는 마지막이었다.

18장

제임스 왓슨,
분자생물학의 탄생을 알리다

1953년

제임스 왓슨James D. Watson은 20세기 영향력 있는 과학자 중의 한 명으로, 분자생물학의 탄생과 진화, 그 발전 과정의 중심에 섰던 학자이다. 그는 1953년 DNA 구조의 발견에 중요한 역할을 수행하며 유망한 과학자로 부상했다. 이후 1992년 인간 유전체 프로젝트Human Genome Project의 리더 자리를 사임할 때까지 분자생물학의 결정적 발전 과정에서 중요한 역할을 수행했다. 버클리대학의 저명한 분자생물학자 군터 스텐트Gunter Stent는 왓슨과 프랜시스 크릭Francis Crick이 유전 물질인 DNA 분자의 구조를 밝힌 논문이 출판된 1953년 4월 25일을 분자생물학의 탄생일이라 할 정도였다.

왓슨은 DNA 분자가 이중나선 구조로 되어 있다는 것을 규명한 공로로 1962년 노벨 생리의학상을 받았으며, 하버드대학의 교수로 재직하며 1965년 새로 정립된 분자생물학 분야의 기념비적 교과서,《세포의 분자생물학Molecular Biology of the Cell》을 다른 과학자들과 함께 준비하여 새로 발전하는 분자생물학 분야의 교육적 기반을 마련했다. 무엇보다 왓슨은 경쟁과 갈등으로 점철된 짧은 하버드대학 교수 생활을 청산하고 35년이라는 긴 기간 동안 뉴욕의 분자생물학 연구소인 콜드스프링하버연구소의 소장으로서 활동하며 분자생물학의 연구 방향을 형성하고 다음 세대 연구자를 후원할 재정적 기반을 마련하는데 자신의 대부분의 과학적 삶을 보냈다.

하지만 왓슨은 그 특유의 오만함으로 자신이 지닌 사회적 편견을 가감 없이 표출함으로써 사회적으로 큰 논쟁을 불러일으키며 과학적 삶을 마감해야 했다. 그는 1968년 DNA 구조 발견 과정을 그린《이중나선The Double Helix》를 출간하여 베스트셀러 작가가 되기도 했다. 이 책에서 그는 가감 없이 분자생물학자들의 모습과 그 업적을 기리면서 여성 과학자에 대한 자신의 편견을 드러내고 승리를 위해서는 온갖 권모술수를 동원해 어떤 일이라도 하는 과학자 간의 비열한 경쟁을 그리며 큰 논란을 일으켰다. 그는 노년에 흑인의 열등한 사회경제적 지위가 그들의 지능과 유전자 때문이라는 사회적 편견을 드러내고 이를 과학적으로 옹호한다는 큰 비판을 받으며 결국 과학계로부터 퇴출당했다.

B학점을 받은 평범한 대학생, 생명의 비밀을 풀다

1928년 시카고에서 태어난 왓슨은 자신의 회고에 따르면 IQ 120 정도의 평범한 학생이었다고 한다. 하지만 〈퀴즈 키즈Quiz Kids〉라는 라디오 쇼 출연을 계기로 1943년 15살의 나이에 시카고대학에 입학할 수 있는 장학금을 거머쥐게 된다. 당시 시카고대학은 첫 2년은 고등학교 교과과정을 배우고 마지막 2년은 대학 교과과정을 배울 수 있는 과정을 마련하여 우수한 고등학생을 조기 입학시키는 제도가 있었다. 젊은 나이에 학구적 분위기에 빠져들어 우수한 연구자로 성장할 인재를 양성할 목적이었다고 한다.

시카고대학에서 동물학을 전공한 왓슨은 B학점을 받는 보통 학생이었다. 그렇지만 왓슨은 항상 어떤 주장의 근거가 되는 원래의 자료와 근거를 찾아 비판적으로 생각하고, 사실보다 이를 종합할 수 있는 이론을 중요시하며, 암기보다는 비판적이고 창의적으로 생각하는 능력을 배우는 것이 더 가치 있다는 시카고대학의 지적 전통에 큰 감명을 받았다고 한다. 그는 이러한 비판적인 지적 전통을 평생 그의 과학적 작업에 적용하려고 노력했다.

왓슨은 학부 시절 시카고대학에서 당시 활발히 연구되던 유전학에 관심을 가졌다. 특히 핵폭탄 개발과 투하 이후에 방사선이 생물의 유전자에 미치는 영향이 매우 중요한 주제로 떠오르자 왓슨은 이와 관련된 연구를 수행하기 위해 대학원 진학을 결심한다. 1947년 19살에 시카고대학을 졸업한 왓슨은 당시 유전학자 토머스 모건Thomas Morgan의 초파리 연구로 유전학의 메카로 부상한 캘리포니아공과대학(칼텍)에 지원했으나 입학 허가를 받지 못하고 크게 낙심했다. 하버드대학도 지원했으나 역시 결과가 좋지 못했다. 다행히도 당시 방사선이 유전자에 어떤 영향을 미치는지 연구하던 일리노이대학의 실험실에서 그를 받아주었다. 그는 이곳에서 1950년까지 X선이 박테리아나 바이러스를 파괴하는 생물학적 과정에 대한 연구를 무난히 마치고 박사학위를 받았다.

1951년 10월 왓슨은 지도 교수의 도움으로 영국 케임브리지대학의 캐번디시연구실에 합류한다. 그는 이곳에서 프랜시스 크릭을 만나 당시 생물학계의 중요한 문제 중 하나인 유전 물질의 구조를 규명하는 작업에 다소 무모하게 동참하게 된다. 이미 킹스칼리지의 로절린드 프랭클린은 X선 분광학을 통해 DNA의 구조를 밝히기 위한 노력의 선두에 서 있었으며 노벨상 수상자인 라이너스 폴링Linus Pauling은 화학 결합의 각도와 원자들의 여러 특징이 결합할 때 나타나는 제한을 고려하여 DNA의 모델을 만들고 있었다.

특히 1952년 5월 프랭클린은 DNA 이중나선 구조의 단서가 될 유명한 51번 사진을 찍어 DNA 구조의 해결에 거의 다다른 상태였다. 하지만 폴링은 사회주의자로 낙인찍혀 국외 여행이 어려워 영국의 X선 회절 사진과 데이터를 볼 수 없었다. 크릭 또한 혼자서 언젠가는 DNA 구조를 밝힐 수도 있었을 것이다.

이 쟁쟁한 경쟁자들에 비해 왓슨이 가진 장점은 젊은 과학자가 지닐 수 있는 성급함과 실패를 두려워하지 않는 무모함이었다. 그는 경험과 지식, 재원의 부족에도 불구하고 DNA의 구조를 찾기 위해 크릭과 협력을 제안하며 경쟁에 뛰어들었다.

DNA 구조 발견에 있어 왓슨의 기여는 그가 DNA 염기가 규칙

그림18.1 DNA가 이중나선의 구조임을 밝힌 왓슨(왼쪽)과 크릭(오른쪽).

적으로 결합하는 방식, 즉 네 개의 염기서열, A(아데닌), T(티민), G(구아닌), C(사이토신)가 A-T, G-C로 결합하는 베이스 페어링이 DNA 구조 해명의 열쇠라고 생각한 점에 있었다. 왓슨과 크릭은 X선 회절 사진 데이터에 기반하여 그리고 폴링과 같이 원자들의 구조적 제약을 고려하여 철판을 가위로 오려 가며 3차원으로 DNA 분자 모델을 만들었다. 이들이 처음 제안한 모델은 재앙 수준의 실패였지만 경쟁자 프랭클린 몰래 얻은 51번째 X선 회절 사진은 DNA가 이중나선 구조를 지니고 있음을 암시했다. 그녀의 사진과 자료에 기반했기에 1953년 4월 25일《네이처》는 DNA 구조를 밝히는 그들의 논문과 이 모델을 확증하는 프랭클린의 논문을 나란히 출판했다. 이 논문은 생화학과 물리학의 결합을 통해 생명의 신비를 밝히는 분자생물학적 접근의 쾌거였다. 왓슨의 이 논문은 분자생물학이 유전 물질의 분자적 구조를 성공적으로 규명했음을 보여 주는 기념비적 논문이 되었다.

분자생물학의 논쟁적 옹호자, 스스로 경력을 망친 과학자

1953년 5월 왓슨은 뉴욕의 콜드스프링하버연구소에서 유전 물질의 구조적 기반에 대해 강연했다. 그는 분자생물학적 접근의 성공을 대표하는 과학자로 부상했으며 곧 칼텍에서 DNA에 이어 RNA의 구조를 밝히는 작업에 착수했다. 이 작업은 실패로 끝났지만 왓슨은 곧 1955년 하버드대학의 교수로 임용되었다. 이곳에서 그는 DNA 구조 규명 이후 가장 큰 주제로 부상한 연구 질문, 즉 유전 물질인 DNA가 어떻게 생명체의 다양한 기능을 담당하는 단백질을 만드는지 밝히고자 했다.

1962년 노벨상을 받은 왓슨은 분자생물학의 가장 열정적인 옹호자로서 자신의 과학적 정체성을 만들어 나갔다. 그는 분자생물학 분야의 기념비적 교과서,《세포의 분자생물학》을 다른 과학자들과 함께 저술하여 출판했다. 이 저서는 분자 수준에서 생명 현상을 일으키는 다양한 기작을 그림으로 나타내며 과학 교육의 새로운 장을 열었다고 평가받았다.

그렇지만 왓슨의 성급함과 무모함은 그의 하버드 시절 연구와 행정에서 큰 갈등을 불러일으켰다. 당시 분자생물학의 중요한 연구 주제로 부상한 단백질 합성 연구에 뛰어든 왓슨은 자신의 실험실을 여러 그룹으로 나누고 이들을 서로 경쟁하도록 만들었다. 그는 매주 열리는 실험실 미팅에서 성과가 좋지 않은 그룹을 혹독하게 비판하며 연구자와 학생을 몰아붙였다. 이에 많은 학생과 연구자가 그의 실험실을 떠났으며 왓슨은 하버드 재직 기간 동안 1년에 1~2개 정도의 논문밖에 출판하지 못할 정도로 비생산적인 기간을 보냈다. 왓슨은 또한 분자생물학적 접근만이 진정한 과학이라며 그렇지 않은 전통적 생물학자를 깎아내렸다. 이에 진화학이나 생태학자를 영입하려는 동료들과 소위 '분자 전쟁'을 일으켰으며 진화생물학자 에드워드 윌슨Edward Wilson은 왓슨을 자신이 만난 "가장 불쾌한 과학자"라고 공개적으로 비판할 정도였다.

1960년대 말 미국 사회에서는 베트남 전쟁과 환경 오염 등으로 과학에 대한 사회적 비판이 크게 나타났다. 현대 과학이 전쟁 무기와 유해한 화학 물질을 개발하는 '죽음의 과학'이라는 공격이었다. 이러한 맥락에서 1968년 출판된 왓슨의《이중나선》은 현대 과학자들의 경쟁적인 모습을 가감 없이 전달하고 이들 간의 시기와 음모, 비판과 공격을 폭로하며 현대 과학에 비판적인 주장과 공명했다. 이 책에서 왓슨은 DNA 구조의 발견을 둘러싼 과학자 간의 경쟁, 좌절과 비판, 비방을 마치 스펙터클을 통해 명성을 얻고 싶어하는 사람 간의 야비한 경쟁처럼 그려내면서 큰 논란을 불러일으켰다. 크릭은 이 책을 출판하면 명예 훼손으로 왓슨에게 소송을 제기할 것이라는 위협의 편지를 보낼 정도였다. 왓슨은

200

변호사를 고용해 책을 출판하기를 꺼린 출판사에게 소송을 당해도 패할 위험이 없다고 설득해야 했다.

왓슨의《이중나선》은 출판과 동시에 타락한 과학자의 모습에 한탄하는 기존 과학자의 큰 비판에 직면했다. 한 과학자는 왓슨의 책이 가십거리와 흥미 없는 개인의 일기에 불과하다며 이를 마치 영양가 없는 탄산음료에 비유하기도 했다. 특히 DNA 이중나선 구조의 규명에 큰 단서를 마련한, DNA 염기서열에 관한 연구를 수행한 어윈 샤가프Erwin Chargaff는《사이언스》를 통해 왓슨과 크릭이 프랭클린의 51번 사진을 훔친 것과 마찬가지라며 공격했다. 후대 연구자는 실험 데이터만 수집하고 이론적인 통찰이 부족하다는 프랭클린에 대한 왓슨의 조소와 비판이, 오직 경쟁에 승리하기 위해 그녀의 사진을 허락 없이 본 자신의 비윤리적 선택을 합리화하기 위한 것이라 해석하며, 왓슨의 저서가 프랭클린을 야비하게 묘사하고 있다고 비판했다.

그럼에도 왓슨의 책은 그 특유의 솔직함과 오만함으로, 과학자역시 개인의 명성과 성공을 추구하며 그 행동과 도덕적 판단에 있어 다른 사람들과 전혀 다를 바가 없다는 점을 폭로했다. 이에 당시 과학에 대해 회의적인 대중은 왓슨의 책을 보고 진리를 추구하는 고귀한 학자로서의 과학자의 모습은 신화일 뿐이라는 점을 깨달았다. 따라서《이중나선》은 과학자에 대한 전반적인 상을 바꾼 책이었으며 이에 2012년 미국 의회 도서관은 이 책을 '미국을 형성한 책들' 88권 중 한 권으로 선정했다.

1970년대 이후 왓슨은 연구자라기보다는 분자생물학의 사회적 함의에 대한 주장으로 각종 사회적 논쟁을 일으켰다. 그는 무모한 야망과 성급함으로 인간이 지닌 유전 정보를 밝히려는 거대 인간 유전체 프로젝트를 시작해야 할 것이라고 주장했으며 여러 과학자의 비판에도 불구하고 1990년대 프로젝트의 리더가 되었다. 그는 유전체학의 발전이 우생학적 개입과 인종주의를 강화할 것이라는 비판에 부딪혀 인간 유전체 프로젝트 예산의 일부를 유전학의 역사와 그것의 사회적 이슈에 대한 연구를 지원할 수 있도록 배정하기도 했다.

그렇지만 왓슨은 2000년대 들어 생물학자로서의 권위를 이용하여 여성과 흑인에 대한 자신의 사회적 편견을 정당화하려 한다는 비판에 처했고 급기야는 과학계로부터 퇴출당하는 처지가 되었다. 2007년 왓슨은 인종 간의 지능의 차이에 생물학적, 즉 유전학적 기반이 있다고 언급하여 인종주의를 옹호한다는 논란을 불렀으며 그가 35년 동안 일했던 콜드스프링하버연구소의 이사회는 왓슨의 이러한 사회적 편견의 표출은 과학적 근거가 없을뿐더러 용인할 수 없는 일이라며 그를 해고했다. 사회적 편견을 정당화하기 위해 과학을 오용하는 일은 당연히 비판받아야 한다는 것이다. 이에 왓슨은 과학계에서 퇴출당하며 공식적으로 오랜 과학자로서의 삶을 마무리하게 됐다.

19장

조너스 소크가
폴리오 백신을 개발하다

1953년

1953년 3월 26일 미국의 의학 연구자 조너스 소크Jonas Salk는 한 라디오 방송에 출연하여 폴리오 백신 개발에 성공했다고 발표했다. 폴리오 바이러스poliomyelitis는 주로 여름에 아이들을 감염시켜 신경계를 공격하여 신체 마비 증상을 가져오는 두려움의 대상이었다. 20세기 초반에 매년 수천 명이 폴리오에 감염되었으며 치료 방법도 없어 이에 걸린 아이들은 '철의 폐'라는 악명을 얻은, 호흡을 도와주는 관과 같은 기계 장치 안에서 죽어 갔다. 특히 소크가 폴리오 백신 개발을 발표하기 전 해인 1952년은 폴리오가 크게 유행하며 미국에서만 5만 8000명이 폴리오에 감염될 정도였다. 그해 많은 이가 폴리오로 인해 소아마비라는 비극을 맞았으며 3000여 명이 사망했다. 1953년 여름에 접어들면서 미국인은 그 어떤 질병보다 폴리오를 두려워했다. 그해 봄 소크의 혁신적 백신 개발은 너무나도 고대한 희소식이었다. 소크의 백신 개발은 기초 생의학 연구에 대한 투자를 통해 어떠한 질병이라도 정복할 수 있다는 20세기 과학자의 믿음을 결정적이고 확고한 것으로 만들어 주었다. 이후 백신을 개발한 소크는 즉각 영웅 과학자로 칭송받기 시작했다.

소크는 폴리오에 걸려 평생 휠체어를 타야 했던 미국의 프랭클린 루즈벨트 대통령 주도로 설립된 소아마비극복국립재단National Foundation for Infantile Paralysis, NFIP의 지원을 받아 연구한 수많은 과학자 중의 하나였다. NFIP는 대중매체와 광고를 통해 폴리오의 위험과 이 극복을 위한 모금 캠페인을 벌였을 뿐만 아니라 과학과 의학의 진보를 통해 폴리오를 정복할 수 있다는 신념하에 생의학 연구자를 광범위하게 지원했다. 소크는 특히 1947년 피츠버그의과대학에 교수로 임용된 이후 재단의 지원을 받으며 폴리오 바이러스와 백신 개발을 연구하는 중견 학자였다. 그의 성공은 1930년대부터 오랜 기간 NFIP가 폴리오 관련 연구에 투자한 것의 성공이자 페니실린 항생제 개발에 버금가는 또 다른 생의학 연구 분야의 성취로 받아들여졌다.

혼란은 영웅을 만든다

러시아에서 뉴욕으로 이민을 온 재봉사의 아들로 자란 소크에게 1918년 인플루엔자 팬데믹이 도시에 남긴 상흔은 그의 삶에 여러 영향을 미쳤다. 그는 수많은 이민자가 빽빽하게 몰려 사는 뉴욕에서 독감과 폴리오가 퍼질 때마다 거리에 관의 행렬이 줄을 이은 모습, 여름방학 후에 소아마비로 다리에 철을 감고 나타난 친구들의 모습을 잊지 못한다고 회고했다.

16살에 뉴욕시립대학에 입학하여 주로 인간에 대해 고민하고 성찰하는 인문학에 훨씬 더 관심을 보인 소크는 대공황 시기에 혼란스러운 사회를 경험하고 결국 인간을 치유할 수 있는 의학자의 길을 걷기로 결심했다. 하지만 과학 분야의 성적이 그다지 좋지 않았고 게다가 당시 유대인에 대한 차별이 남아 있는 시기라 오직 한 곳에서만 입학 허가를 받았다. 바로 현재의 뉴욕의과대학이다. 소크는 다른 학생들보다 훨씬 어린 19세의 나이에 입학해 의학뿐만 아니라 기초 과학, 특히 생화학에 매력을 느꼈고 여러 장학금을 받아 박테리아를 연구하며 22살의 나이에 첫 연구 논문을 발표하기도 했다. 의과대학에서의 도전과 바쁜 삶을 즐기며 모든 과목에서 탁월한 성적을 거둔 소크는 뉴욕의 뜨거운 여름을 피해 해양생물연구소인 우즈홀연구소에서 실험을 하다가 이곳에서 휴가를 온 도나 린지라는 부유한 대학생과 사랑에 빠졌다. 정식 의사가 된 후에야 결혼을 허가해 줄 수 있다는 린지 부모의 말을 듣고 소크는 정식 의학 학위를 취득하고서 결혼식을 올렸다.

소크는 졸업 후 당시 모든 의대생이 선망하는 마운트시나이병원에서 전공의 수련 기간을 보냈다. 대공황과 전쟁으로 혼란스러운 시기, 그는 군의관으로 전쟁에 참여하라는 정부의 명령에 당시 인플루엔자 연구를 수행하던 토마스 프랜시스Thomas Francis Jr.에게 도움을 청한다. 2차 세계대전 당시 수많은 군인이 인플루엔자 독감으로 사망했고 미국 정부는 백신 개발에 큰 관심을 보였다. 이에 프랜시스는 소크가 미국 정부에 "필수적인 연구자이며…… 국가 안보에 관련된 중요한 연구를 수행"할 수 있는 연구자이고 곧 인플루엔자를 연구하는 자신의 미시건대학 실험실에서 인플루엔자 백신 연구를 수행할 것이라는 편지를 뉴욕 병무청으로 보냈다.

1942년 소크는 프랜시스 실험실에 합류한다. 이 실험실은 바이러스 연구의 중심이었을 뿐만 아니라 비활성화된, 즉 죽은 바이러스를 사용해 백신을 개발할 수 있다는, 당시로서는 광범위하게 수용되지 않은 면역 이론의 중심지이기도 했다. 이곳에서 소크는 2차 세계대전 내내 인플루엔자 백신을 개발하는 일에 노력을 기울였다. 전쟁이 끝나갈 무렵 인플루엔자 백신 프로젝트가 더 이상 정부의 지원을 받지 못할 상황이 되자 소크는 새로운 직장을 찾아야 했으며 이에 독감 백신 생산에 큰 관심을 보였던 파커-데이비스Parke-Davis라는 제약회사에서 컨설턴트로 일하며 줄어든 수입을 보전하고자 했다. 하지만 이를 알게 된 프랜시스는 연구팀 전체에 대한 배신이자 학문 연구의 성과를 제약회사로 팔아넘기며 본인의 이득만을 취하는 이기적인 행동이라며 소크를 비난했다.

큰 비난에 직면한 소크는 1946년 피츠버그대학의 조교수로 자리를 옮긴다. 소규모였던 그의 실험실은 곧 NFIP의 지원을 받아 폴리오 바이러스에 대한 연구를 수행하며 성장한다. 그는 폴리오가 200개 정도의 바이러스 일족이 일으키는 병이지만 면역학적으로 세 종류의 타입으로 이루어져 있다는 결과를 확인하는 실험을 수행했다. 이는 무엇보다 백신의 개발 가능성을 높일 수 있는 희소식이었다. 단지 이 세 타입의 폴리오 바이러스에 대한 백신을 개발하기만 한다면 이를 정복할 수 있다는 것을 의미하기 때문이었다.

소크는 프랜시스에게 배운 사백신 개발법을 향상해 이들 폴리오 바이러스 타입에 대한 백신을 개발하려 노력했다. 특히 NFIP는 그가 다른 대학의 연구자들과 달리 백신 개발에 본격적으로 뛰어드는 모습에 주목하여 소크 연구실에 대한 대규모 투자를 단행했다. 이에 소크는 예일대학의 존 엔더스John Enders가 개발한 새로운 배양 기술을 통해 바이러스를 배양하고 이를 포름알데히드 용액으로 죽여 마침내 백신을 개발하는 데 성공했다. 그는 곧 소아마비에 걸렸다 회복된 아이들을 대상으로, 그다음으로는 소아마비에 걸린 아이들을 대상으로 백신 실험을 수행하여 효과가 있음을 보였다. 소크는 1953년 3월 26일, 폴리오 백신 개발에 성공했음을 미 전역에 알렸으며 그 연구 결과를《미국의학협회저널》에 발표했다.

처음으로 이뤄진 대규모 백신 임상 시험

소크가 개발한 백신이 바이러스를 죽여 만든 사백신이라는 점, 그의 임상 시험이 소규모였다는 점에서 더 본격적인 임상 시험을 통해 이 혁신적 백신의 효능과 안전성을 평가할 필요가 있었다. 이에 1954년 44개주 180만 명의 아동을 대상으로 그의 백신에 대한 임상 시험이 뒤따랐다. 이 방대한 임상 데이터를 처리하기 위

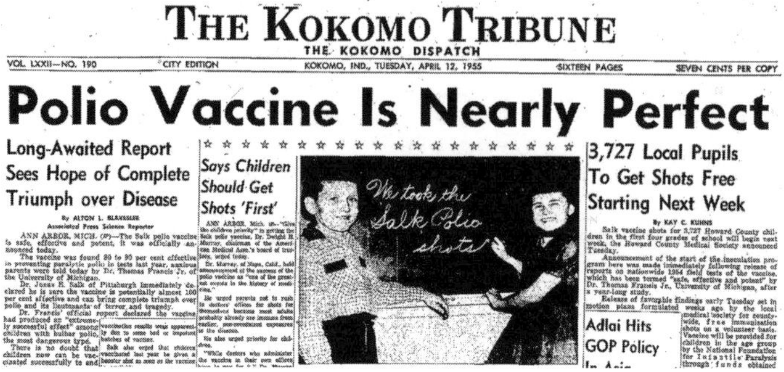

그림 19.1 소크 백신의 효과를 1면에 다룬 지역신문. "폴리오 백신은 거의 완벽하다."

해 당시 첨단 기술인 IBM 컴퓨터의 펀치 카드를 사용해야 할 정도였다. 이 임상 시험을 진행한 이는 다름 아닌 소크의 스승이었던 미시건대학의 프랜시스였다(오늘날 생명윤리학자라면 아마 자신의 제자가 개발한 백신을 그 스승이 시험한다면 크게 반대했을 것이다).

1955년 4월 12일 프랜시스는 자신이 마무리한 백신 임상 시험의 결과에 대해 90여 분에 걸쳐 발표했다. 이 백신 임상 연구는 그 당시 미국에서 행해진 가장 대규모 임상 시험이었다. 전국의 미국 대중이 프랜시스의 강연에 귀를 기울였다. 이날 프랜시스는 소크의 백신이 가장 널리 전파되고 있는 폴리오 타입에 60~70%, 그리고 더 널리 퍼진 폴리오 타입에는 90% 정도의 예방 효과가 있다고 발표했다. 당일 오후부터 저녁까지 부모들은 아이들을 껴안고 안도와 기쁨에 환호했다. 그날 밤 소크는 TV 인터뷰에 나와 자신의 연구를 소개했다. "누가 이 백신에 대한 특허를 소유하고 있습니까?"라는 앵커의 질문에 소크는 "사람들입니다. 이 백신에 특허는 없습니다. 태양에 대해 특허를 낼 수는 없는 일이지요"라고 말하며 영웅이 되었다.

하지만 당시 40살이었던 소크는 바로 이어진 자신의 발표에서 프랜시스의 발표에 큰 불만을 표현했다. 자신의 백신이 특정 타입의 폴리오 바이러스에 효과가 높지 않은 것은 첨가된 백신 방부제 때문일 것이며 자신은 방부제 첨가에 반대했다는 것이다. 소크는 프랜시스가 백신 방부제를 첨가하여 임상 시험을 수행한 것을 비판하고 이 첨가제가 없었다면 백신의 효과는 100%에 달했을 것이라 주장했다. 프랜시스를 비롯한 과학자들은 소크의 이러한 태도를 비판하며 그를 공격했고 근거 없이 새로운 백신의 효과를 맹신하며 대중을 호도한다면 과학자들로부터 큰 비난을 받기도 했다.

소크의 유산, 인문학과 과학의 결합

소크는 영웅적인 백신 개발자로 칭송되지만 정작 과학자 공동체로 큰 인정을 받지는 못했다. 그의 폴리오 백신이 다른 생의학자들의 기초 바이러스 연구의 응용이라는 점과 그의 태도 때문인지 소크는 노벨상을 받지도 못했고 미국국립과학아카데미 회원에 선정되지도 못했다. 그렇지만 소크는 대중의 환호를 받으며 저명한 의학자이자 주요한 사회 문제에 발언하는 지식인으로의 삶을 즐기기 시작했다. 특히 자신이 대학 시절부터 관심 있었던 인문학을 다시 공부하며 20세기 과학, 특히 생물학 분야의 놀라운 발전이 가져다주는 사회적 함의에 대해 연구할 필요가 있다고 주장했다. 이는 1963년 자신의 이름을 딴 소크생물학연구소 설립으로 이어졌다.

소크연구소는 생물학의 여러 분야 사이의 융합 연구를 수행할 뿐만 아니라 과학과 인문학의 학제 간 연구를 수행하는 곳이다. 창립 당시 신경과학 연구를 개척하고자 했던 노벨 생리의학상 수상자 프랜시스 크릭을 초빙했고 수학자이자 과학사학자인 제이콥 브로노우스키Jacob Bronowski를 영입하기도 했다. 브로노우스키의 〈인간 등정의 발자취Ascent of Man〉라는 BBC 다큐멘터리는 소크가 주장한, 과학에 대한 인문학적 성찰의 중요성을 많은 이에게 알리면 큰 반향을 일으켰다. 소크 자신 또한 피카소의 마지막 연인과 재혼하며 과학과 예술의 상호 작용에 대해 큰 관심을 보이기도 했다. 소크연구소는 노벨상을 수상하는 여러 생물학자를 배출했을 뿐만 아니라 현대 과학에 대한 새로운 성찰을 제시한 브뤼노 라투르Bruno Latour와 같은 인물을 배출하며 생물학의 발전 및 그 인문학적 의의와 사회적 함의를 논의하는 중요한 연구소로 성장했다. 폴리오 백신과 함께 다학제 연구기관인 소크연구소 또한 그가 남긴 중요한 유산이라 할 수 있겠다.

20장

프랜시스 크릭이 분자생물학의
중심원리를 제시하다

1957년

1957년 9월 19일 유니버시티칼리지런던에서 개최된 실험생물학 학회의 특별 강연자는 영국의 분자생물학자 프랜시스 크릭이었다. 크릭은 20세기 분자생물학의 형성에 중요한 역할을 한 영국의 저명한 생물학자이다. 그는 무엇보다 미국의 과학자 제임스 왓슨과 함께 유전 정보를 담은 DNA의 분자 구조를 밝히는데 큰 역할을 수행하며 1962년 제임스 왓슨과 함께 노벨 생리의학상을 수상했고 생명과학의 분자혁명을 이끈 핵심적인 과학자다.

1957년 그의 모교인 유니버시티칼리지런던에서의 강연은 크릭이 밝힌 DNA의 이중나선 구조가 지닌 생물학적인 의의를 더 심도 있게 논의했다. 미국과 프랑스, 벨기에 등 전 세계에서 모인 생물학자 앞에서 그는 한 시간여 동안 '단백질 합성'이라는 간략한 제목의 강연을 했다. 그는 이 짧은 시간 동안 20세기 생물학의 분자혁명을 이끈 생명과학의 새로운 논리를 제시했다.

크릭의 이 강연은 오늘날 생물학의 '중심원리central dogma' 강연
이라 불린다. 그는 이 강연을 통해 생명체 내의 유전 정보가 어떻
게 우리 몸을 구성하는 다양한 단백질 분자를 합성하는지를 설명
하고자 했다. 그는 DNA에서 단백질을 구성하는 아미노산을 합
성하는 일에 관여하는 조그마한 '어댑터adaptor' 분자가 있을 것이
며 이 과정을 통해 유전 정보가 생명을 이루는 다양한 단백질 분
자를 합성할 수 있다고 제안했다.

곧 크릭이 이론적으로 제안한 어댑터 분자는 실험을 통해
tRNA(운반RNA)라는 것이 밝혀졌으며 그 과정에서 DNA 유
전 정보가 mRNA(전령RNA), 그리고 tRNA를 통해 단백질 합성
을 제어한다는 것이 밝혀졌다. 크릭은 이 강연에서 DNA를 구성
하는 선형적 염기서열이 유전 정보를 이루며, 이 DNA 정보가
RNA로 이전되고, 이것이 단백질 합성을 제어한다고 말했다. 이
는 분자생물학의 근간을 이루는 유전자 중심의, 선형적 생명관을
제안한 것이다. 이에 호레이스 저드슨이라는 생물학사 연구자는
크릭의 강연이 "생물학의 논리를 완전히 바꾸었다"라고 평가하
기도 했다.

물리학자에서 분자생물학자로

크릭은 본래 유니버시티칼리지런던에서 물리학을 공부하다가
2차 세계대전 발발로 해군에 징집된 영국의 6000여 명의 과학자
중 한 명이었다. 그는 이곳에서 영국 해군의 지뢰 설계 프로그램

에서 일하면서 그 탁월한 계산 능력을 인정받았다. 그렇지만 그는 2차 세계대전 후 자신의 물리학적 지식과 기술을 활용해 생물학의 주요 문제를 해결하는 데 더 큰 관심을 가지게 되었다. 그는 당시 X선이 물체와 부딪힐 때 나타나는 분광학적 성질을 이용해 단백질과 같은 분자의 구조와 기능을 연구하는 케임브리지대학 캐번디시연구소의 새로운 생물학 연구에 동참하고자 했다. 캐번디시연구소는 수많은 노벨 물리학상 수상자를 배출한 물리학의 메카였으며 특히 당시 이곳에서 결정학을 창시하고 발전시킨 공로로 1915년 노벨 물리학상을 수상한 로렌스 브래그 경Sir Lawrence Bragg이 X선 회절법을 이용해 단백질 분자의 구조를 연구하고 있었다.

크릭은 전후 영국의 의학연구위원회에 지원했다. 의학연구위원회는 그가 2년 동안 생물학을 먼저 공부하고 온다면 그의 연구를 지원해 주겠다고 조건을 내걸었다. 크릭은 이에 좌절하지 않고 생물학 공부에 전념했고 마침내 1949년 케임브리지대학에서 X선 분광학을 이용해 헤모글로빈이라는 단백질 구조를 규명하던 막스 페루츠Max Perutz의 연구실에 합류할 수 있었다.

1951년 미국의 생물학자 제임스 왓슨이 단백질의 3차원적 구조를 연구하는 일군의 물리학자 및 화학자와 공동 연구를 하기 위해 캐번디시연구소에 합류했다. 왓슨의 회고에 의하면 크릭은 당시 35살의 '무명 과학자'로, 날카로운 통찰력을 가지고 있지만 동료 간에는 말만 많은 떠버리이자 참견자인 '만년 대학원생'이었다고 한다. 실제로 크릭은 자신이 배운 푸리에 이론을 사용해 X선 회절 패턴으로 단백질 구조를 규명하려고 노력했지만 아직 졸업을 할 만큼의 성과를 내지 못한 상태였다.

크릭과 왓슨은 1951년 겨울, 단백질 구조보다는 단순하고 당시 점차 유전 정보를 지니고 있는 물질로 간주되기 시작한 DNA 구조를 규명하는 작업을 시작했다. 당시 생화학자 어윈 샤가프는 DNA를 구성하는 네 개의 염기서열, A, T, G, C 가 A-T, G-C의 1:1 비율로 존재한다는 것을 밝혔고 왓슨과 크릭은 이에 착안해 1951년 DNA 구조를 처음으로 제안한다. 이는 크릭과 왓슨이 가위로 오려 만든 염기의 화학 구조와 회절 사진에 바탕한 모델에 기반한 것이었다. 하지만 이들이 처음으로 제안한 DNA 구조는 잘못된 계산과 가정에 기반해 있어 실패였다. 당시 캐번디시연구실의 소장 브래그는 이 DNA 구조를 보고 왓슨과 크릭의 미래에 대해 크게 걱정하여 이에 대한 연구를 더 이상 하지 말 것을 권유할 정도였다고 한다.

그런데 왓슨과 크릭은 당시 런던의 킹스칼리지에서 DNA 구조를 밝히려 하던 경쟁자 로절린드 프랭클린의 DNA X선 회절 사진과 그 분석 결과를 얻게 된다. 이 사진과 분석은 아직 출판되지 않은 것으로, 그녀의 동의 없이 왓슨과 크릭에 전달되었다는 점에서 여러 논란을 불러일으켰다. 결국 왓슨과 크릭은 프랭클린이 지닌 당시 가장 정확한 DNA 회절 사진을 가지고 이중나선 모델을 제안했다. 왓슨과 크릭은 DNA 이중나선 구조를 제안한 논문이 그녀의 사진과 자료에 기반했기에 1953년 같은 학술지에 DNA 구조를 밝히는 그들의 논문과 이 모델을 확증하는 프랭클린의 페이퍼를 나란히 출판했다. 1954년 크릭은 드디어 박사 학위 논문을 제출하고 졸업을 하게 된다.

1953년 DNA의 구조를 밝힌 왓슨과 크릭의 논문은 DNA 구조가 지닌 생물학적 함의에 대해 다소 도발적인 제안을 내놓았다. 바로 DNA 이중나선 구조가 유전자가 지닌 정보를 어떻게 생물학적으로 저장, 발현, 전달하는지에 관한 이들의 (결국 정확한 것으로 밝혀진) '가설'이다. 이들은 이 논문에서 DNA가 지닌 A, T, G, C의 염기서열이 유전 정보를 지니고 있으며 이 정보가 세포 내에서 발현되면서 모든 생명 현상의 기반을 이루는 기능적인 단백질이 만들어질 것이라고 추측한 것이다.

1957년 크릭의 '단백질 합성' 강연은 1958년 논문으로 출판되며 여기에서 그는 DNA를 이루는 염기의 선형적 순서가 하나의 생물학적 정보를 담고 있는 코드라는 염기서열 가설sequence hypothesis을 제안했다. 크릭은 일차원적 염기서열의 순서가 단백질의 합성을 지시하고 제어한다는, 당시로서는 놀라운 가설을 제시한 것이다. 당시는 화학자와 생물학자 모두 3차원적 분자의 구조를 통해 다양한 생명 현상에 대한 설명을 내놓던 시기이다. 그런데 크릭은 일차원적 염기서열의 선형적 순서가 3차원적 생명의 질서를 구성한다고 주장한 것이다. 이는 다가올 분자생물학적 사고와 후에 인간게놈 프로젝트와 같은 생물정보학의 기반을 이루게 된다.

크릭의 '단백질 합성'의 두 번째 가설은 흔히 생물학의 '중심원리'라 부르는, 즉 DNA로부터 RNA, 단백질로 유전 정보가 전달되면서 생명 현상을 관장하는 수많은 단백질이 만들어진다는 것이다. 흔히 유전 정보가 DNA, RNA, 단백질의 한 방향으로만 전달된다는 것을 가리킨다고 받아들여진 이 가설은 분자생물학의 중심원리로서 유전 정보를 바탕으로 생명 현상을 이해하려는 새로운 분자생물학의 중요한 이론 축을 구축하는 역할을 수행했다. 그의 이 가설은 세포 내에서 유전 정보의 전달을 매개하는 tRNA의 존재를 예측했으며 이후 실험을 통해 그 존재가 밝혀졌다.

의식을 규명하는 신경과학의 개척자

한 가지 실험에 집중하기보다는 파격적 가설과 도전 정신을 강조한 크릭은 1963년 생의학자 조너스 소크가 설립한 다학제적 연구기관인 소크연구소에 참여하며 분자생물학의 방법론과 이론을 바탕으로 신경과학 분야를 개척하려 시도했다. 1960년대 중엽, 그는 당시 많은 분자생물학자와 함께 유전자의 발현과 조절에 관련된 이론적 토대가 이미 확립되었다고 믿었다. 일례로 저명한 분자생물학자인 군터 스텐트는 생명 현상에 대한 분자생물학적인 규명, 즉 유전자의 발현과 조절에 관한 일차원적이고 기능적인 규명은 앞으로 단지 실험적 발전의 진보에 달려 있으며 이러한 측면에서 분자생물학은 이제 안정기에 접어들었다고 주장했다. 크릭 또한 앞으로 더 근본적이고 혁신적인 생물학의 발견은 생명의 발생, 즉 하나의 배아에서 복잡한 생명체로 자라는 과정, 그리고 신경세포의 작동 방식과 그 규명을 통해 의식과 같은 고차원적 생명 현상에 대한 탐구에서 나타날 것이라 믿었다. 크릭은 1970년대 이후 새로운 세대의 과학자에게 신경과학의 중요성을 설파하고 이들을 자극하여 신경과학과 뇌과학 분야의 분자생물학화에 기여했다.

크릭은 영국을 떠나 미국 캘리포니아에 정착하여 과학적 의식의 신봉자가 되었다. 당시 1960년대 캘리포니아에서는 반문화 운동의 부상으로 과학적 사고와 이성 자체에 대한 문화적 비판과 회의주의가 팽배했다. 크릭은 이에 맞서 과학적 사고의 신봉자를 자처했다. 그는 과학적 의식과 사고 방식이야말로 종교나 사회, 문화적 믿음이 지닌 문제점을 파악하게 하는 중요한 도구가될 수 있다고 믿었다. 크릭은 여러 저서를 통해 1990년대 중반까지 사회의 문제들을 과학적 기반하에 다시 접근하면 새로운 해결책을 찾을 수 있다는 자신의 견해를 피력하기도 했다. 그는 인간 본성에 대한 이해가 모든 사회 문제 해결의 근본적 기반이 될 것이라 주장했으며 이를 위해 의식의 본성에 대한 과학적 이해를 발전시키고자 했다. 20세기 분자생물학의 혁신을 부른 과학적 태도와 과학적 사고 방식에 바탕해서 각종 사회적 해결책을 제시할수 있다고 주장한 것이다. 지금은 잊혔지만 크릭은 과학의 문화적 중요성을 강조하고 그 사회적 유용성을 강조하는 과학사상가로서 책을 쓰는 일에 남은 생을 바쳤다.

21장

프랭클린과
담배 모자이크 바이러스

1958년 4월 17일

1958년 4월 17일, 브뤼셀에서 개막된 세계박람회의 국제과학관에는 커다란 원통형 바이러스 모형이 전시되었다. 럭비공처럼 생긴 흰 타원체를 나선으로 층층이 쌓아 올린 높이 1.5m가량의 조형물이었다. 바이러스 모형의 중간 부분에 타원체 3개가 빠진 자리에는 3개의 굵은 선이 노출되어 있었는데 그 선은 타원체와 타원체 사이의 틈을 파고든 채 나선을 그리며 돌았다.

세계박람회에서 사람들의 이목을 끌었던 이 조형물은 담뱃잎을 돌돌 말려 부스러지게 만드는 담배 모자이크 바이러스Tobacco Mosaic Virus의 모형이었다. 럭비공을 닮은 흰 타원체는 바이러스의 핵산을 감싸는 단백질 캡시드capsid에 해당했고 캡시드 사이에 박힌 굵은 선은 RNA를 나타냈다. 담배 모자이크 바이러스는 가운데가 빈 원통형이고 럭비공을 닮은 단백질 캡시드로 인해 원통의 내외부 벽면은 올록볼록하다. RNA는 캡시드에 둘러싸인 채

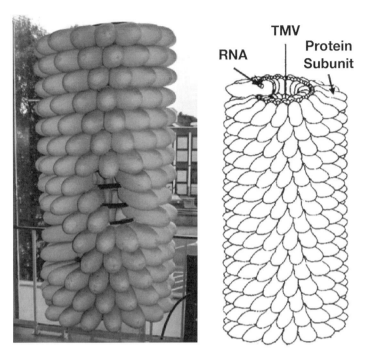

그림 21.1 세계박람회에 전시된 담배 모자이크 바이러스 모형과 로절린드 프랭클린의 그림.

원통의 내부에서 나선을 그린다.

　박람회에 전시된 이 모형에는 과학자들의 수년간의 노고가 담겨 있었다. 과학자들은 담배 모자이크 바이러스의 모양과 크기, 내부 구조를 밝혀내기 위해 바이러스를 결정으로 만들어 샘플을 준비하고 수천 장의 X선 회절 사진을 찍은 뒤 사진에서 가능한 정확한 데이터를 찾기 위해 부단히 노력했다. 세계박람회에 전시된 바이러스 모형은 이런 과학자들의 노고에 대한 찬사의 의미도 담고 있었다. 하지만 가장 많은 찬사를 받아야 할 사람은 그 찬사를 받지 못했다. 세계박람회 개막식 바로 전날, 브뤼셀에 전시된 담배 모자이크 바이러스의 모형을 만든 로절린드 프랭클린은 세상을 떠났다.

비극적 히로인에서
바이러스 구조 해석의 선구자로

프랭클린은 DNA 이중나선 발견의 '비극적 히로인'으로 알려져 있다. 이 이야기에 따르면 그녀의 비극은 DNA의 나선 구조의 증거가 되는 X선 회절 사진을 찍었음에도 사진의 의미를 해독하지 못한 무능력과 주변 동료들과 불화했던 독선적 성격에 기인한 것처럼 보인다. 1968년 출간된 제임스 왓슨의 《이중나선》은 이와 같은 프랭클린의 이미지를 만들었다. 이후 왓슨이 만든 왜곡된 이미지를 불식하기 위한 노력이 있었다. 그런 노력은 프랭클린이 DNA가 나선이라는 것을 알았는가, 알았는데 왜 먼저 발표를 하지 않았는가 등 그녀의 과학적 무능력을 해명하는 데 집중했다. 또 남성 중심적이었던 킹스칼리지의 분위기에 적응하기 힘들었던 프랭클린의 모습을 보여 주기도 했다. 하지만 그런 노력조차 왓슨이 던진 프레임을 벗어나지는 못했다.

왓슨이 제시한 프레임에 갇혀 우리는 2년에 불과했던 킹스칼리지에서의 DNA 연구가 과학자로서 프랭클린의 모습 전체를 대변하는 것처럼 생각해 왔다. 그 과정에서 프랭클린이 석탄 구조 연구의 권위자였다는 사실도, 담배 모자이크 바이러스의 분자 구조를 규명했다는 사실도 종종 잊곤 한다. 한 마디로 2년간의 DNA 연구가 20년 가까운 그녀 연구 인생 전체를 가려 온 것이다. 하지만 DNA 연구에서 눈을 돌려 그녀의 다른 연구 활동을 살펴보면 프랭클린은 고립된 독선적 연구자가 아니라 동료 연구자와의 네트워크 속에서 활발하게 상호 작용한 생산적인 연구자이자 유능한 결정학자의 모습으로 나타난다. 이런 특징이 특히 잘 나타나는 것이 바로 프랭클린의 담배 모자이크 바이러스 분자 구조 연구이다.

프랭클린의 담배 모자이크 바이러스 연구는 프랭클린이 킹스칼리지에서 버크벡칼리지로 자리를 옮긴 1953년 3월에 시작되었다. 버크벡은 담배 모자이크 바이러스 연구를 시작하기 좋은 곳이었다. 그녀를 스카우트해 간 존 버널John Desmond Bernal은 네 권짜리《과학의 역사Science in History》를 쓸 정도로 박학다식하고 공산주의자로도 유명했지만 그의 명성은 무엇보다도 X선 결정학 분야에서 이룬 업적에 기인한 것이었다. 1930년대부터 버널은 담배 모자이크 바이러스의 X선 회절 패턴을 연구했다.

버널이 없었더라도 담배 모자이크 바이러스는 프랭클린 같은 핵산 연구자에게 매력적인 주제였다. 담배 모자이크 바이러스는 바이러스로 인지된 세계 최초의 바이러스였다. 1892년 발견된 담배 모자이크 바이러스는 1898년 처음으로 박테리아와는 다른 존재라는 것이 밝혀져서 세계 최초로 '바이러스'라는 이름을 얻었다. 바이러스는 핵산 하나와 단백질로 이루어진 단순한 구조여서 핵산 연구자들이 핵산의 복제와 단백질 합성을 연구하기에 좋은 재료였다.

이런 점에서 담배 모자이크 바이러스는 DNA 이중나선 발견의 주역들이 관심을 가진 주제였다. 프랭클린 외에도 킹스칼리지에서 프랭클린과 사이가 좋지 않던, 그리고 프랭클린의 DNA X선 회절 사진을 왓슨에게 보여준 모리스 윌킨스Maurice Wilkins도 이 바이러스를 연구했고 케임브리지의 프랜시스 크릭, DNA 이중나선 발견 후 미국으로 돌아간 제임스 왓슨 모두 담배 모자이크 바이러스 연구에 발을 담갔다.

이들이 연구에 뛰어들기 전 담배 모자이크 바이러스 연구자들은 이 바이러스가 단일 분자인지를 두고 논쟁을 벌였다. 단백질을 작은 단일 성분 입자들이 섞인 콜로이드라고 본 연구자는 바이러스도 작은 단위체의 집합일 것으로 여겼다. 이에 비해 초원심 분리기에서 담배 모자이크 바이러스를 분리한 연구자는 바이러스가 3000옹스트롬 길이의 막대 모양을 지닌 단일 분자라는 주장을 제기했다. 반대자는 초원심 분리기에서 분리된 바이러스는 살아 있는 바이러스와 같을 수 없다며 이 주장을 받아들이지 않았지만 1939년 담배 모자이크 바이러스를 처음으로 찍은 전자현미경 사진은 길쭉길쭉한 바이러스의 모습을 보여줌으로써 바이러스 단일 분자설에 힘을 실어주었다.

1930년대 후반부터 버널은 결정학자 이시도르 판쿠헨Isidor Fankuchen과 함께 담배 모자이크 바이러스의 X선 회절 패턴을 분석했다. 그 결과 그들은 담배 모자이크 바이러스가 단일 분자가 아니라 그보다 작은 규칙적인 분자들로 구성되어 있으며 각각의 분자는 두 개의 서로 다른 유닛으로 구성되어 있다는 점을 발견했다. 1941년 두 사람은 이러한 연구 내용을 발표했지만 그들의 주장이 단일 분자설을 깨지는 못했다. 둘의 주장이 큰 반향을 얻지 못한 이유 중 하나는 직관적으로 이해할 수 있는 전자현미경 사진에 비해 X선 회절 사진은 해석에 전문성을 필요로 했다는 점에서 찾을 수 있다.

단순하게 비유하면 전자현미경 사진이 핸드폰으로 찍은 사진이라면 X선 회절 사진은 병원에서 찍은 X선 사진 같다. 아니, 사실 X선 회절 사진은 그보다 더 복잡하다. X선 회절 사진은 물체의 2차원 그림자를 보고 물체의 3차원 형태를 알아내는 것이다. 바이러스와 같은 고분자에 X선을 쏘면 각각의 구성 원자에 부딪혀 반사된 X선 사이에 다양한 방식으로 간섭이 일어나는데 X선 회절 사진은 이 간섭 패턴을 찍은 것이다. 간섭이 만들어 낸 밝은 무늬와 어두운 무늬의 패턴을 보고 역으로 이 무늬가 나타나려면 내부의 구성 물질이 어떤 방식으로 배열되어 있어야 하는가를 찾아내야 한다.

프랭클린이 두각을 나타난 분야가 바로 이 X선 회절 사진 촬영과 그것의 판독이다. 뚜렷한 X선 회절 패턴을 얻으려면 시료를 다양한 각도로 노출해 선명한 패턴을 얻는 것이 우선이다. DNA 구조 연구 때부터 그녀는 각도 조절이 가능한 X선 촬영 카메라를 직접 만들고 수소가 채워진 카메라 내부의 습도를 일정하게 조절하는 등 실험 도구를 직접 개량했다. 이보다 더 중요한 것은 프랭클린이 DNA의 X선 회절 패턴 분석에 처음으로 패터슨 함수를 적용했다는 점일 것이다. 프랭클린은 복잡한 패터슨 함수 계산을 적용하여 X선 파장의 진폭을 통해 위상에 대한 정보까지 얻을 수 있었고 이런 데이터에 근거하여 DNA의 3차원 분자 구조를 누구보다 상세하고 정확하게 알아낼 수 있었다.

프랭클린이 담배 모자이크 바이러스 연구에 뛰어들었을 때 그녀는 DNA의 X선 회절 패턴 분석에 적용했던 기법을 이 연구에도 적용했다. 그 무렵 캘리포니아공과대학에서 같은 연구를 하던 왓슨은 X선 회절 패턴 분석을 통해 담배 모자이크 바이러스에 대한 중요한 가설을 제안했다. 버널의 주장을 받아들인 왓슨은 바이러스를 구성하는 규칙적인 분자가 나선 구조로 배열되어 있을 것이라고 주장했다.

동료 네트워크로 이루어지는 과학

프랭클린의 연구는 왓슨이 제시한 가설에서 시작했다. 그녀는 X선 회절 사진을 분석하여 담배 모자이크 바이러스 분자 구조를 연구했다. 바이러스의 규칙적인 분자를 원통형으로 놓고 원통의 반경에 따른 밀도 분포를 계산했다. 이로부터 밀도가 가장 높은 부분에 RNA가 있을 것이라고 예측했는데 그 위치는 중심에서 반경 55옹스트롬(후에 이 수치는 수정된다)에 해당하는 위치였다. 이는 촛불의 심지처럼 RNA가 원통의 중앙에 있을 것이라고 본 전자현미경 사진의 예측이 틀렸다는 것을 의미했다.

킹스칼리지 시절을 특징짓는 고립과 독선과는 달리 담배 모자이크 바이러스 연구에서 프랭클린은 버크벡 내외부 연구자들과 활발한 네트워크를 형성하며 연구를 진행했다. 우선 프랭클린은 버크벡 내부적으로 연구팀을 구성하여 연구를 수행했다. 이 연구팀은 아론 클루그Aaron Klug와의 만남에서부터 시작했다. 남아프리카공화국에서 대학을 졸업한 후 케임브리지의 트리니티칼리지에서 박사 학위를 마친 클루그는 1954년 버크벡의 식당에서 프랭클린을 만났다. 자신이 찍은 담배 모자이크 바이러스 X선 회절 사진을 보여 주는 프랭클린과 금세 가까워진 클루그는 프랭클린의 동료가 되어 담배 모자이크 바이러스 모형을 만드는 연구를 함께 했다.

거기에 존 핀치John Pinch와 케네스 홈즈Kenneth Holmes가 박사 과정 학생으로 합류하면서 버크벡에서 프랭클린의 바이러스 연구 그룹이 형성되었다. 프랭클린과 홈즈는 담배 모자이크 바이러스 같은 막대형 바이러스로, 클루그와 핀치는 구형 바이러스로 연구 주제를 분담하여 바이러스 구조 연구에 들어갔다. 여기에 1955년에는 미국 예일대학에서 박사를 받고 케임브리지대학으로 박사 후 연수를 하러 온 도널드 카스파Donald Caspar가 잠시 연구팀에 합류했다. 케임브리지에 온 카스파는 프랭클린의 연구팀에 합류하기를 요청했고 카스파가 합류하면서 프랭클린 연구팀의 바이러스 연구는 더욱 속도를 내게 되었다.

버크벡 외부적으로 프랭클린은 왓슨과 크릭 등 젊은 세대의 핵산 연구자, 영국 바이러스 학자인 노먼 피리Norman W. Pirie, 독일 튀빙겐대학의 게하르트 슈람Gerhard Schramm 등과 네트워크를 형성했다. 이들과의 네트워크는 공식적인 관계는 아니었다. 프랭클린은 개인적인 편지를 통해 혹은 다른 연구자를 매개로 연구 진행 사항을 공유하며 때로는 견제하고 때로는 협력하는 관계를 이어 나갔다. 이 네트워크를 통해 프랭클린은 피리에게서 결정화된 바이러스 샘플을 얻어 X선 회절 사진을 찍었고 왓슨의 미출판 초고를 받았으며 (카스파를 알기 전에는) 예일에서 카스파가 낸 연구 결과를 미리 전해 들었다.

이런 네트워크를 통해 연구자 간의 연구 주제가 조정되기도 했다. DNA 발견 이후에 믿음직한 친구가 된 크릭은 다시 케임브리지로 온 왓슨과 감자 모자이크 바이러스를 연구하기로 했는데 프랭클린이 이 바이러스를 연구하고 있다면 자신과 왓슨의 연구 주제를 조정해 보겠다는 편지를 보내기도 했다.

프랭클린의 연구는 연구자들의 네트워크를 통해 순조롭게 이루어졌다. 담배 모자이크 바이러스의 중앙부가 비어 있을 것이라는 카스파의 예측과 더불어, 원통형을 이루며 나선형으로 쌓인 단백질 캡시드 사이에 RNA가 깊숙이 박혀 나선을 그릴 것이라는 프랭클린의 발견이 더해지면서 담배 모자이크 바이러스의 모형은 서서히 체계를 잡아 나갔다. 1956년 프랭클린과 클루그, 홈즈가 함께 발표한 논문에서 담배 모자이크 바이러스 모형의 구체적인 모습이 드러났다. 원통형 바이러스의 반지름은 75옹스트롬, 역시 원통형 모양을 한 중앙부의 빈공간의 반지름은 20옹스트롬, RNA는 중앙으로부터 40옹스트롬에 해당하는 위치에 있고, 나선의 1회전 높이는 23옹스트롬에 해당한다는 수치가 제시되었다. 프랭클린의 선명한 X선 회절 사진과 패터슨 함수를 적용한 계산이 담배 모자이크 바이러스의 정확한 '치수'를 제공한 것이다.

1958년, 전 세계의 이목이 자신이 완성한 바이러스 모형에 집중된 것도 알지 못한 채 프랭클린이 세상을 떠난 후 카스파와 클루그는 프랭클린을 제1저자로 하여 〈X선 회절로 결정된 바이러스의 구조X-ray diffraction studies of the structure and morphology of to-bacco mosaic virus〉라는 제목의 논문을 발표했다. 이후 카스파와 클루그는 구형 바이러스의 구조까지 규명했고 이 공로로 클루그는 1982년 노벨 화학상을 수상했다. 수상 기념 강연에서 클루그는 담배 모자이크 바이러스 연구 소개에 상당한 시간을 썼고, 프랭클린의 삶이 그렇게 짧게 끝나지 않았다면 그녀가 그 자리에 함께 있을 것이라고 애석해했다.

22장

아서 콘버그가
DNA 학과를 설립했을 때

1959년

1959년 가을 미국의 생화학자 아서 콘버그Arthur Kornberg는 과학자 경력에서 가장 흥분되고 영예로운 순간을 맞이했다. 첫 번째는 콘버그의 주도로 스탠퍼드 의과대학 내 생화학과가 설립된 것이다. 그가 설립한 생화학과는 생명의 정보를 담은 DNA에 대한 연구를 통해 2차 세계대전 후 급속도로 성장한 분자생물학과 유전학의 발전을 주도했다. 콘버그가 설립한 'DNA 학과'는 유전자의 이해와 생명 정보의 조작을 통해 1970년대 유전공학에 기여하는 창의적 연구 공동체로 발전했다. 그리고 이러한 창의적 연구 공동체의 설립에는 콘버그가 가진 과학 활동과 과학적 창의성에 대한 독특한 접근이 있었다. 스탠퍼드의 생화학과는 현재까지도 활발히 연구하고 노벨상 수상자를 지속적으로 배출하며 세계 최고 수준의 학과로 발전해 왔다.

두 번째로 콘버그는 1959년 노벨 생리의학상 수상자로 선정되었다. 노벨상 위원회는 그가 DNA를 합성하는 데 관여하는 DNA 중합효소polymerase를 발견하여 유전 정보가 어떻게 생물학적 기능을 수행하는지 밝힐 기반을 마련한 것을 선정 배경으로 발표했다. 1953년 제임스 왓슨과 프랜시스 크릭이 생명의 유전 정보를 담은 분자인 DNA의 이중나선 구조를 규명하기는 했지만 여전히 DNA가 어떠한 메커니즘을 거쳐 생물학적 기능을 하는지에 관해서는 규명되지 못한 점이 많았다. DNA와 RNA를 구성하는 핵산에 대한 콘버그의 연구는 DNA의 생물학적 기능에 대한 새로운 장을 열었다. 콘버그의 선구적 연구는 1970년대 스탠퍼드 생화학과를 중심으로 한 유전자 재조합 기술의 발전과 후에 유전공학 분야의 탄생에도 영향을 미쳤다.

열린 냉장고와 창의적 연구 공동체

1918년 3월 뉴욕시에서 철물점을 운영하는 유대인 부모 아래에서 태어난 콘버그는 교육열이 매우 높은 유대인 공동체에서 자랐다. 그는 과학에 큰 재능을 보여 15살에 가난하지만 야심에 찬 젊은이에게 최고의 교육을 제공한 뉴욕시립대학을 졸업하고 곧 로체스터대학 의과대학에 입학했다. 그렇지만 그는 곧 의대 내 임상의학보다는 기초 생의학 연구에 더 큰 관심을 가지게 되었다. 이에 콘버그는 미국국립보건원에서 DNA에 대한 생화학 연구를 진행하며 과학적 명성을 쌓았다.

콘버그의 연구는 DNA에 담긴 유전 정보의 저장과 발현, 전달을 중심으로 하는 분자생물학과 유전학 분야의 급속한 재편 및 발전과 밀접하게 관련되어 있다. 1950년대 초반 왓슨과 크릭이 DNA 구조를 규명한 그때, 콘버그의 실험실은 DNA와 RNA, 즉 핵산에 관한 실험과 연구의 중심지로 부상하고 있었다. 그는 생명체의 청사진을 담고 있는 DNA라는 유전 물질이 어떻게 세포 내에서 생명을 구성하는 다양한 분자를 합성하는 데 관여하는지 그 메커니즘을 규명하고자 했는데 특히 DNA의 합성에 관여하는 여러 효소의 역할에 큰 관심을 가졌다.

콘버그는 당시 DNA 연구가 주목을 받고 과학자 간 경쟁이 심화되면서 발견에 대한 우선권을 얻기 위해 서로 정보를 교류하지 않고, 연구 물질 또한 공유하지 않는 비밀주의가 나타나고 있음을 비판했다. 그는 과학자 간 활발한 정보 교류와 토론, 연구 물질의 공유가 창의적 과학 활동에 매우 중요한 역할을 한다는 믿음을 실천에 옮겼다. 바로 '열린 냉장고'의 설치이다.

콘버그는 열린 냉장고에 자신의 실험실에서 생산한, DNA를 이루는 여러 뉴클레오타이드와 DNA의 합성과 분해에 관여하는 효소들을 넣고 이를 DNA를 연구하는 국립보건원의 연구자들이 공유할 수 있도록 했다. 그는 자신의 실험실이 관심을 가진 주요 주제, 즉 DNA에 담긴 유전 정보의 저장과 전달, 발현이라는 생물학의 핵심 문제를 연구하면서 여러 연구자가 서로 다른 각도에서 분석하고 그 결과를 공유하는 과정에서 통찰을 얻을 수 있다는 점을 깨달았다. 게다가 시약과 실험 기구 등을 공유하는 과정에서 더 적은 비용으로 다양하고 독창적인 실험을 설계하는 방법을 배우기도 했다. 콘버그는 이러한 공유 문화를 통해 자신의 실험실이 더 창의적인 연구를 할 수 있도록 만들었다. 공유의 연구 공동체가 기존의 연구 질문을 다각도로 분석하며 이를 독창적 방식으로 재해석하고 창의적인 실험을 자유롭게 설계할 수 있을 때, 기초 과학이 발전할 수 있다는 신념이 점차 부상했다.

콘버그는 1959년 스탠퍼드 생화학과를 설립하면서 공동체적 구조라는 독특한 연구와 학과 운영을 제도화했다. 그는 노벨상을 수상한 창의적인 과학자를 넘어 자신이 설립한 스탠퍼드 생화학과에서, 그리고 자신의 집안에서 노벨상 수상자를 배출하는 데 기여한 독특한 공유의 실험 문화를 형성하려고 한 것이다.

창의적 과학 연구와 공유의 실험 문화에 대한 콘버그의 믿음은 특히 그가 DNA라는 유전 물질의 생화학적 연구를 중심으로 실험실을 발전해 나가는 과정에서 더 구체적으로 나타났다. 콘버그는 1950년대 DNA의 복제와 유전 정보의 전달 과정에 관한 구조생물학적, 생화학적, 분자유전학적 메커니즘에 대한 실험적 연구를 여러 각도에서 접근할 수 있도록 다양한 분야의 과학자를 초빙하고자 했다.

콘버그 자신은 1956년 DNA를 합성할 수 있는 효소를 발견하여 DNA에 대한 생화학적 연구의 리더로 올랐으며 이 주제를 다학제적 방식으로 접근할 수 있도록 연구 그룹을 조직했다. 그는 우선 핵산의 분해와 합성에 관여하는 효소에 대한 생화학적 연구를 수행할 수 있는 폴 버그Paul Berg와 같은 학자를 임용했다. 또한 콘버그는 자신이 합성한 DNA의 분자유전학적 성질을 규명하기 위해 DNA의 발현을 연구할 수 있는 면역학자와 데이비드 호그네스David Hogness와 같은 신진 분자생물학자를 임용하여 DNA에

그림 22.1 창의적 연구 공동체 문화를 구축해 과학적 혁신을 이끈 아서 콘버그.

대한 다학제적 접근을 구축해 나갔다.

동시에 콘버그는 다학제적 연구 공동체가 공유의 실험 문화를 실천하고 이를 제도화한다면 더 창의적인 연구를 수행할 수 있다고 믿었다. 콘버그는 자신이 임용한 한 학자에게 자신의 학과는 대부분의 재원과 실험 시약, 기기 등을 공유하며 이는 유연하고 창의적인 실험 활동에 큰 도움이 될 것이라고 편지에 쓰기도 했다. 그는 편지에서 "우리는 대부분의 재원을 공유합니다. 이는 여러 가지 차원에서 우리의 실험 활동에 유연성을 제공해 줍니다. 일례로 당신과 같은 신임 교수는 실험에 필요한 재원과 화학 물질, 기기 들을 다소 생산적으로 사용할 수 있습니다. 또한 당신과 같은 신임 교수에게 실험 조수나 학생이 필요할 경우에도 학과에서 공유되는 재원을 통해 부가적인 지원이 이루어질 것"이라고 했다.

이런 배경에서 신임 교수는 과학적으로 빠르게 성장함에 따라 점차 중요한 연구 주제를 개척하거나 창의적인 업적을 발표했다. 자원의 공유를 통해 성장한 이들은 또한 공동체에 대한 고마움의 표시와 책임감이라는 상호 호혜의 원칙하에 자신이 많은 연구비를 받을 때에도 이를 기꺼이 학과 구성원과 공유하면서 생화학

232

학과라는 실험 공동체의 성장에 기여했다. 이것이 바로 공동체적 구조이다.

과학 활동이란 무엇인가, 어떻게 해야 하는가

스탠퍼드 생화학과의 구성원들은 점차 과학적 지식의 자유로운 소통과 실험 물질의 공유가 창의적 실험 공동체를 형성하는 데 핵심적 역할을 수행한다고 믿었다. 그들은 자신들의 독특한 실험 문화를 실험실의 설계와 배열에도 각인했다. 일례로 한 실험실을 3~4개의 연구 그룹에서 온 사람들로 혼합하여 구성했으며 이를 기반으로 실험실 간 아이디어의 교류와 실험 기법의 공유를 장려했다. 또한 실험 기기와 시약을 공동 공간에 설치하여 자연스럽게 연구자 간 만남을 유도하는 동시에 실험 물질과 전자현미경 같은 고가의 기기를 공유하여 학과의 실험 비용을 절감하려 노력했다.

공유의 실험실 문화는 경제적으로 효율적인 자원의 사용을 장려했다. 또한 이에 수반되는 지식 및 실험 기법 정보의 활발한 교류는 과학 활동에 매우 유익했다. 스탠퍼드 생화학과의 공동체적 구조의 성공적인 예로 1980년 생화학과에서 노벨상을 수상한 폴 버그의 유전자 재조합 연구를 들 수 있다. 1970년대 초 폴 버그는 암유발 바이러스에 대한 새로운, 당시로는 매우 도전적인 프로젝트를 수행했다. 이때 학과의 바이러스 전문가인 데일 카이저A. Dale Kaiser의 수업과 연구, 그의 학생이 실험을 통해 발전시킨 여러 실험 기법과 물질의 공유가 큰 도움이 되었다.

또한 버그의 실험실이 암유발 바이러스에 대한 분자유전학적 연구를 수행하는 데 큰 어려움에 봉착했을 때 생화학과 구성원들은 유전자를 분자적 수준에서 조작하는 실험 기법을 공유했다. 버그는 이에 기반하여 유전자 재조합이라는 아이디어를 발전시킬 수 있었다. 버그의 실험실은 생화학과 구성원들이 제안한 아이디어와 유전자 조작에 필요한 학과의 각종 실험 물질을 사용해 효율적이고 대담하게 유전자 재조합 실험을 설계하고 이 실험을 성공으로 이끈 것이다. 유전자를 실험실에서 재조합하고 발현할 수 있음을 보여 준 이 실험으로 버그는 노벨상을 수상했을 뿐만 아니라 유전자 재조합 기술을 발전시키고 공유한 스탠퍼드 지역의 연구 공동체는 생명공학 산업의 메카로 부상했다.

스탠퍼드의 생화학자들은 현대 과학이 창의적인 활동인 동시에 매우 큰 돈이 필요한 고비용의 활동이며 그럼에도 과학 혁신과 성과에 대한 기대로 제2차 세계대전 이후 정부와 기업의 막대한 지원을 받고 있음을 인식하고 있었다. 하지만 그들은 과학에 대한 지원이 점차 정해진 목표와 기간에 따라 지나치게 세세하게 계획, 평가되고 있으며 동시에 정치적, 정책적 변화 아래 놓이게 되었음을 비판적으로 바라보았다.

스탠퍼드의 생화학자들은 획일화되고 정치화되는 연구지원제도가 불확실성하에서 새롭고 창의적인 연구를 수행하는 과학자의 활동과 본질적으로 양립되기 어렵다고 생각했다. 과학사의 여러 사례가 보여 주듯이 어떤 분야나 연구 방향이 아무리 중요하고 전망이 좋을지라도 다소 다르거나 중요하게 보이지 않는 연구 활동을 통해 더 근본적이고 파급력이 큰 연구 결과가 나올 수 있다는 것이다.

스탠퍼드의 생화학자들은 실험실 자원과 아이디어를 공유할 수 있는 실험실 공유 문화를 통해 일시적인 정책적, 정치적 변화로부터 어느 정도 자유로운, 따라서 독창적이고 창의적인 연구가 다른 어떤 기준보다 중요한 자율적인 과학 연구 공동체를 건설하려 했다고 볼 수 있다. 콘버그가 제도화한 공동체적 구조의 실험 문화는 그가 기초 과학의 중요성을 인식하고 장기적이고 근본적인 시각에서 창의적 과학 활동을 유인할 수 있는 실험 공동체를 어떻게 건설했는지 보여 준다.

23장

베리 커머너,
환경 위기를 경고하다

1970년 2월 2일

지구의 날이 제정된 1970년 2월 2일,《타임》지는 생태학자 베리 커머너Barry Commoner를 표지 모델로 선정했다. 1950년대 말부터 세계에서 가장 유명한 생태학자로 부상한 커머너는 환경 오염으로 인한 문제의 심각성을 대중에게 널리 알린 과학자였다. 그는 특히 핵 개발로 무분별하게 퍼지는 방사성 물질이 생태계와 인간의 신체에 미치는 영향을 밝히고 그 위험성을 경고한 생태학자로 명성을 얻었다.

1960년대 커머너는 화학 물질과 대기 오염과 같은 환경 오염 양상에 대한 탐구로 자신의 생태학적 연구의 지평을 확대했을 뿐만 아니라 환경 위기에 대한 광범위한 사회적 인식을 불러일으키는 데 핵심적인 역할을 수행했다. 생태학의 시기인 1960년대, 그는 레이첼 카슨Rachel Carson과 함께 가장 영향력 있는 생태학자였다. 그의 저서,《원은 닫혀야 한다The Closing Circle: Nature, Man, and

Technology》는 지구의 날 제정과 함께 환경 문제가 과학적 해결을 요구할 뿐만 아니라 사회적이고 정치적인 개혁이 필요한 복합적인 위기임을 경고한 선구적인 저서이자 환경 운동의 고전이다.

1950년대 원폭 시험과 유치 조사,
방사성 물질 낙진의 위험을 알리다

냉전에 따른 군비경쟁으로 인해 미국과 소련을 비롯한 세계 각국은 더 파괴력 높은 핵무기 개발을 위해 매진했다. 그 일환으로 1951년부터 미국의 네바다 사막에서는 약 900회에 달하는 핵폭탄 실험이 실시되었다. 특히 이 중 100회 정도가 넘는 핵폭탄 실험은 지하가 아닌 지상에서 실시되었다. 이러한 지상 핵폭탄 폭발의 순간에는 오렌지색 불빛과 검붉은 낙진이 핑크빛 구름처럼 피어올랐다. 순간적으로 500km에 걸쳐 퍼진 낙진은 동풍을 타고 미국 전역으로 퍼졌다. 이와 동시에 보이지 않지만 치명적인 방사성 낙진도 함께였다.

생태학자 커머너는 과학자들과 함께 이 핵폭탄 실험으로 퍼진 방사성 물질의 위험을 밝힌 과학자이다. 1953년 뉴욕의 실험실에서 방사능 수준을 측정한 물리학자들은 비가 내린 후 방사성 수준이 급격히 증가하는 현상을 발견했고 그것이 네바다에 있는 원폭 시험 후 낙진에 의한 것이라고 의심했다. 이에 커머너는 원폭 시험의 위험을 밝힐 생태학적 연구를 계획하고 이후 자신이 재직하는 세인트루이스 워싱턴대학에서 핵폭탄 실험의 위험에 대해

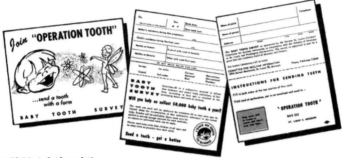

그림 23.1 유치 조사표.

연구하고자 유치 조사Baby Tooth Survey 연구팀을 결성했다. 특히 그는 1958년 유치 조사를 시작으로 핵폭발 낙진 중 하나인 스트론튬에 대해 연구했다.

스트론튬은 핵분열 시 방출되는 방사성 동위원소로 고에너지를 방출하여 동식물과 인간의 신체에 큰 영향을 미칠 수 있는 위험 물질이다. 또한 이 방사성 물질은 약 28년의 반감기를 지니고 있어 핵폭발과 핵발전으로 방출되는 물질 중 환경에 오래 머무르고 널리 퍼져 나가 우리 환경과 동식물, 인간에게 광범위한 영향을 미치는 물질이기도 하다. 특히 스트론튬은 그 화학적 특성이 칼슘과 비슷하여 식물이나 체내에 잘 흡수된다. 뼈나 치아에 누적되면 고에너지를 방출하여 돌연변이를 일으키며 치명적인 골수암과 백혈병을 일으킬 수 있다.

이에 커머너의 유치 조사 연구팀은 매년 세인트루이스 지역에 사는 아이들의 유치 5만 개를 수집하고 이에 포함된 스트론튬-90의 수준을 측정했다. 1961년 11월《사이언스》에 출판된 이 연구 결과는 미국 전역에 핵폭탄 실험의 위험에 대해 경고했다.

이에 의하면 첫 핵폭탄 시험이 실시된 1945년부터 유치의 스트론튬-90 수준은 빠르게 증가했으며 이후 1965년까지 연구된 결과에 따르면 그 수준은 1945년 이전에 비해 무려 100배에 달했다. 유치 조사 연구팀의 연구 결과는 1960년대 미국과 소련이 지상에서 핵폭탄 시험의 위험을 알리고 이를 금지하는 협약이 체결되는 데 큰 영향을 미쳤다.

1971년, 원은 닫혀야 한다

1950년대 방사성 물질의 위험을 경고한 커머너는 미국과 소련의 지상원폭시험금지협약이 생태학으로 환경을 지키는 캠페인의 첫 승리라고 평가했다. 1966년 자연계생물학연구센터를 설립하는 등 커머너는 자신의 생태학적 연구를 대기 오염, 수질 오염 및 농약, 인산염 같은 화학 물질 오염, 그 외 다양한 환경 위험으로 확장했다. 1960년대 내내 그의 연구는 환경 오염 위기의 생태학적 특징을 규명하고 이를 통해 대중에게 환경 문제의 심각성을 알리는 데 중점적 역할을 했다.

커머너는 특히 자동차의 도시 로스앤젤레스의 대기 오염이 인간이 초래한 환경 문제가 사람의 건강을 위협하는 매우 심각한 사례임을 보여 주었다. 그의 이러한 노력은 1960년대 대기청정법을 비롯한 다양한 환경 보호 법안이 제정되는 데 영향을 미쳤다.

커머너는 1960년대 환경 의식의 성장과 환경 오염의 생태적 측면에 대한 인식에 기반하여 더욱 근본적인 차원에서 환경 문제의 사회경제적 측면에 대해 인식할 것을 촉구하기 시작했다. 일례로 커머너는 자동차에 의한 대기 오염을 논의하며 현재와 같이 내연기관을 개선하고 배출물을 감소하는 몇몇 기술적 해결책으로는 대기 오염 같은 복합적 환경 문제를 해결하기는 어려울 것이라 지적했다. 대기 오염은 자동차 사용과 도시의 확대, 소비 패턴의 변화와 에너지 시스템 전반의 문제가 결합하여 복합적으로 나타나기 때문이다. 따라서 이를 해결하기 위해서는 '모든 것이 연결되어 있다'는 생태학적 통찰에 바탕을 두어 환경의 사회경제적 측면을 함께 고려해야 했다.

지구의 날 제정 다음 해인 1971년 출간된 커머너의 책,《원은 닫혀야 한다》는 즉각 전 세계적 베스트셀러가 되었다. 커머너는 생태학자로서의 그의 과학적 업적과 이를 대중이 이해할 수 있는 언어로 번역해서 설득력 있게 제시하는 탁월한 능력을 보여 주었다. 이 책에서 그는 스트론튬-90에 대한 연구를 포함하여 대기와 수질 오염, 농약과 화학 물질의 순환과 축적이 동식물의 생존을 위협하고, 환경을 오염시키며, 인간 신체에 치명적 위험을 가하는 생태학적 메커니즘을 다층적으로 서술했다. 환경 위기가 나타나고 확대되는 과정에 대한 그의 명확하고 설득력 있는 설명을 통해 그는 레이철 카슨 이후 가장 영향력 있는 생태학자가 되었다.

커머너는 이 책에서 환경 위기의 심각성을 미국 대중에게 경고했다. 그는 미국 중부에 있는 이리호의 '죽음'을 분석했는데 인간 활동이 오랜 세월 지속되어 온 이리호 생태계를 돌이킬 수 없는 파괴로 이끈다는 점을 보였다. 그가 1960년대 발표한 수질 오염 연구에 기반하여 그는 호수에 화학 비료와 오수의 유입으로 그

그림 23.2 베리 커머너는 과학적 사실을 넘어 환경 위기의 사회경제적 측면에 주목했다.

속에 사는 생물들이 죽고, 이렇게 죽은 생물체가 다시 더 많은 영양분을 공급하는 부영양화가 일어나 호수에 서식하는 플랑크톤과 다른 생물을 급격히 증대시켰다. 그 결과 호수에는 생명체에 필요한 산소가 빠르게 감소했다. 이처럼 이리호는 인간 활동을 통해 파괴되었으며 그 생태계는 더 이상 생물이 살아가기 어렵게 변모하여 '죽음'에 이르렀다는 것이다.

커머너는 《원은 닫혀야 한다》에서 생태계의 '죽음'에 이를 수 있는 환경 위기의 사회경제적 측면에 대해 본격적으로 논의했다. 그는 환경 문제가 단순히 과학기술의 발전으로 따른 부작용으로 나타난 문제가 아니며 생태학과 새로운 기술 혁신은 환경 문제를 해결해 줄 수 있는 중요한 도구의 하나임을 인식해야 한다고 지적했다. 그는 인간이 자연을 사용하고, 각종 상품을 생산하고 소비하는, 사회경제적 방식이 환경 문제의 기원에 있다고 지적했다.

커머너는 거대한 규모로 행해지는 상업적 농업을 그 예로 들었다. 농업은 역사적으로 환경 친화적인 인간 활동이었다. 하지만 현대의 대규모 농업산업은 생산성을 증대시키기 위해 막대한 양의 화학 비료와 살충제를 사용하고 이로 인해 광범위한 수질 오염을 유발하며 유해 물질에 노출된 사람을 늘리는 등 심각한 환경 문제를 일으켰다. 이는 무엇보다 이윤을 중시하는 현대 농업산업의 발달 과정에서 나타난 특징이라고 보아야 한다. 커머너는 이를 해결하는 대안으로 인간의 농업 활동을 다른 사회경제적 방식으로 조직할 수 있는 과학기술을 상상하자고 제안했다.

문제는 정치다

커머너는 점차 환경 위기의 사회경제적 측면에 더 많은 관심을 기울이기 시작했다. 그는 중요한 생태학적 성찰의 하나로 대기 오염의 피해가 사회 계층에 따라 매우 다르게 나타난다는 점을 지적했다. 오염 물질의 자연적 순환과 사회 공간적 순환의 교차점에서 부유한 이는 이를 피할 수 있지만 그 이동이 자유롭지 못한 가난한 사람은 환경 위험에 훨씬 더 쉽게 노출되는 경향이 있다. 이를 통해 그는 환경 위기의 영향이 사회경제적으로 다르게 나타난다는 환경 정의의 문제를 제기한 것이다.

1980년 그는 자신이 조직한 '시민당'의 대통령 후보로 출마하며 환경정치가로서 새로운 도전을 했다. 특히 출마를 통해 환경 오염과 공해가 구조적 빈곤 및 경제적 불평등과 밀접히 관련된 문제임을 지적했다. 이 과정에서 커머너는 생태학적 통찰에 기반한 환경주의를 사회정치적 문제와 연결하며 환경 문제를 광범위한 사회정의의 문제로 재정의했다.

이 정치적 실험 이후 그는 뉴욕으로 이주하여 대기 오염, 특히 발암 물질인 다이옥신 오염의 문제에 천착했다. 2000년, 그는 컴퓨터 모델링을 통해 미국 도시의 다이옥신이 북극에까지 퍼져 원주민에게 해를 미친다는 극지방 다이옥신 연구를 수행했다. 그의 다이옥신 연구는 대기 오염의 국제적 성격을 밝혔으며 그 공로로 2002년 칼라웨이시민상을 수상했다. 20세기 후반에 걸쳐 커머너는 환경 위기의 생태학적 기원을 밝히고 이 위기가 사회경제적 차원과 얽힌 복합적인 것임을 지적하는 데 성공한 생태주의 과학자 - 활동가였다.

주

1장 갈릴레오의 절반만 성공한 대화

1 Galileo 1632[2001].

2 이와 관련된 더 자세한 과학철학적 논의는 이상욱 2014 참조.

3 갈릴레오의 삶과 과학 연구에 대한 소개는 약간 오래되기는 했지만 여전히 Drake 1978이 가장 상세하다. 드레이크의 학술적 접근과 달리 갈릴레오와 그가 수도원에 맡긴 딸과의 서신 교환을 소개하면서 갈릴레오의 삶과 과학 연구를 흥미진진하게 서술한 책으로는 Sobel 2000이 있다.

4 이 책의 부제에서 갈릴레오는 자신이 "목성의 주위를 각기 다른 거리와 주기로 재빠르게 회전하는 네 행성planets"을 관찰했다고 밝히면서 이를 메디치가의 권위에 눌린 피렌체 주변의 도시국가의 모습에 비유했다. 이는 당시 피렌체가의 상징이 목성이었다는 점을 기막히게 활용한 수사학적 논증이었다. 당시 지구 이외에 위성을 갖는 천체로는 목성이 처음 발견된 것이기에 부제의 '행성'은 현재 우리에게 익숙한 태양 중심 모형에서 행성이 갖는 엄격한 의미가 아니라 다른 천체를 공전하는 천체라는 의미로 이해해야 한다. 메디치가와 갈릴레오 사이의 상징적 상호 작용에 대한 더 자세한 설명은 Biagioli 1993 참조.

5 갈릴레오 종교재판에 대한 다양한 쟁점에 대한 논의는 McMullin 2005, Numbers 2009 참조.

2장 톰슨이 줄의 발표에 이의를 제기했을 때

1 Joule, J., 1887, *The Joint Scientific Papers of J. P. Joule*, 2 vols. 중 2: 215. Robert D. Purrington, 1997, *Physics in the Nineteenth Century*, Rutgers University Press, p.109에서

재인용.

2 과학철학자 토머스 쿤은 1840년대 전후로 에너지 보존 법칙이 10명 이상의 과학자에 의해 '동시 발견' 또는 '복수 발견'되었다고 주장했고 톰슨도 이에 포함되기는 한다. 복수 발견자들은 각각의 맥락에서 에너지 보존 법칙을 주장했기에 그 의미는 현대적 의미와는 차이가 나는데 일례로 독일의 의사였던 율리우스 마이어는 열대지방 사람의 정맥혈이 유럽인에 비해 선홍색을 띠는 것을 보고 인체 내에서 체온을 유지하는 열에너지와 근육을 움직이는 일에너지 사이의 보존을 주장했다. 이에 대해 쿤은 에너지 보존 법칙의 복수 발견은 각각이 완결된 에너지 보존 법칙을 발견한 것이 아니라, 결국 에너지 보존 법칙으로 이해될 수 있는 단편적인 조각들을 발견한 것이라고 말했다. 복수 발견에도 불구하고 헬름홀츠를 에너지 보존 법칙의 발견자라고 하는 것은 1847년 논문 〈힘의 보존에 관하여Über die Erhaltung der Kraft〉에서 헬름홀츠가 물리학적인 의미에서의 에너지 보존 법칙을 수학적 형태로 정돈하여 발표했고 이것이 이후의 열역학 제1법칙의 성립에 중요한 역할을 했기 때문이다.

4장 맥스웰주의자들이 승리를 선언한 날

1 공식 명칭이 'Cambridge Senate House Examination'이었던 이 시험은 고전, 수학 등 몇 개 영역 중 하나를 선택해 시험을 치를 수 있었는데 19세기 중엽 무렵에는 수학 분야가 가장 인기가 많고 그만큼 경쟁도 치열했다. 수학 트라이포스라고 불린 이 시험은 순수 수학에만 국한된 것이 아니라 다양한 이론물리학의 문제가 출제되었다. 뉴턴역학 같은 오래된 물리학뿐만 아니라 동시대의 따끈따끈한 전자기학과 광학, 유체역학, 열역학의 문제도 출제되었다. 윌리엄 톰슨, 맥스웰을 비롯해 19세기 영국의 유명한 물리학자와 수학자가 이 시험을 통해 수학을 '제2의 천성'으로 훈련 받았다.

2 톰슨은 대서양 전신 가설에 기여한 공로로 기사에 서훈되었다가 후에 아일랜드와 영국의 통합에 찬성하는 정치적 입장으로 인해 켈빈Kelvin 남작에 서훈되었다. 우리가 아는 절대온도의 단위 K의 이름은 여기에서 왔다.

5장 플랑크의 '양자 혁명'

1 이 사건의 물리학적, 역사적, 철학적 의미에 대해서는 《물리학과 첨단기술》 2018년 10월호 〈막스 플랑크 노벨 물리학상 100주년〉 특집 참고.

2 물리학자로서 플랑크의 면모를 통찰력 있게 서술한 전기로는 Heliborn 2000 참조.

3 Planck 2010(1917) 참조. 그의 열역학 강의를 들은 리제 마이트너를 비롯한 다음 세대 물리학자들은 모두 그 명쾌함과 논리 정연함에 감탄했다고 한다

9장 캐넌의 하버드 항성 스펙트럼 분류법이 채택되었을 때

1 하버드 여성 컴퓨터에 대해서는 이 책 리비트의 글에 조금 더 소개되어 있다.

2 모리가 제시한 110개의 그룹 중 실제 북반구 별에서 발견된 그룹은 50개를 넘지 않았다. 모리의 분류법은 별을 분광형과 스펙트럼선의 선명도에 따라 분류했다는 점에서 오늘날 사용되는 MK 분류법과 유사한 2차원 분류법이라 할 수 있다. MK 분류법에서는 별을 분광형(하버드 시스템)과 7개의 광도 기준에 따라 분류한다.

3 이때 설문지에서는 하버드 분류법이라는 이름 대신 드레이퍼 분류법이라는 명칭이 사용되었다. 포겔이 있는 포츠담 천문대의 전문가들은 하버드 분류법이 현존하는 가장 유용한 분류법이냐는 질문에 대부분 예도 아니오도 없이 무응답으로 대응했다.

4 Hentschel, K., 2002, *Mapping the Spectrum: Techniques of Visual Representation in Research and Teaching*, Oxford University Press, pp.351-360.

5 물론 캐넌이 발견을 전혀 하지 못했던 것은 아니다. 별의 스펙트럼 분류 과정에서 캐넌을 비롯해 하버드 여성 천문학자는 수백 개의 변광성을 발견했고 새로운 천체도 발견했다. 다만 여기서는 이론화에 연결되는 발견이나 기존의 패러다임을 흔드는 발견을 하지 못했다는 점을 강조하고자 했다.

6 페인가포슈킨의 말은 다음에서 재인용했다. Hentschel, K., 2002, *Mapping the Spectrum: Techniques of Visual Representation in Research and Teaching* Oxford University Press, p. 353.

10장 밀리컨이 광전 효과로 노벨상을 수상했을 때

1 Award Ceremony Speech: Presentation Speech by Professor A. Gullstrand, Chairman of the Nobel Committee for Physics of the Royal Swedish Academy of Sciences, on December 10, 1923."

2 Millikan, R. A., 1916, A Direct Photoelectric Determination of Planck's "h", *Physical Review* 7 pp. 355-388 중 인용은 p. 384.

3 밀리컨의 실험 결과를 둘러싼 홀턴과 프랭클린의 논쟁은 다음 책에 상세히 소개되어 있다. 홍성욱, 2013,《과학은 얼마나》, 서울대학교 출판문화원.

14장 하이젠베르크와 보어의 만남

1 《부분과 전체》는 2016년 새롭게 번역되어 출간되었다. 이 책에 대한 비판적 소개로는 이상욱 2012 참조

2 그럼에도 하이젠베르크의 생각이 영어로 번역되는 과정에서 불확정성indeterminacy 대신 불확실성uncertainty이 사용되면서 하이젠베르크의 이 원리는 물리향의 불확정성과 관련된 것임에도 'Uncertainty Principle'로 불리게 되었다.

3 Frayn 2000 참조. 이 연극은 영국 BBC에 의해 2002년 TV 드라마로도 제작되었다.

4 더 넓은 맥락에서 당시 물리학자들의 생각은 Baggot 2011 참조. 하이젠베르크에 대한 학술적으로 치밀한 서술은 Cassidy 2009 참조.

15장 독일 과학자들이 원폭 투하 소식을 들었을 때

1 발터 게를라흐는 오토 슈테른Otto Stern과 함께 원자의 자기모멘트와 스핀의 양자화를 실험으로 입증한 슈테른-게를라흐 실험의 그 게를라흐이다.

2 구드슈미트는 《피지컬 리뷰 레터스Physical Review Letters》의 창간자이기도 하다. PRL은 1958년 시작되었다.

3 연합군의 원자폭탄 성공 사실을 알고 난 후 하이젠베르크는 구드슈미트가 자신에게 영악하게 거짓말을 했다고 투덜댈 정도로 구드슈미트는 철저한 보안을 유지했다. 구드슈미트는 알소스 특공대에서의 경험을 책으로 출간하기도 했다. Goudsmit, S. A., 1947, *Alsos*, Henry Schuman. 구드슈미트와 하이젠베르크의 관계에 대해서는 다음을 참고하라. Cassidy, D., 2010, *Beyond Uncertainty: Heisenberg, Quantum Physics, and the Bomb*, Bellevue Literary Press, pp. 353-355.

4 그로브스 장군에게 보낸 팜홀 녹취록은 미국 메릴랜드국립문서보관소에 보관되어 있고, 출판본으로는 다음의 두 권의 책을 참고할 수 있다. Frank, C., ed. 1993, *Operation Epsilon: The Farm Hall Transcripts*, University of California Press.; Bernstein, J., 1996, *Hitler's Uranium Club: The Secret Recordings of Farm Hall*, AIP Press. 프랭크가 편집한 책은 녹취록의 원자료를 그대로 싣고 있는 반면 번스타인의 책은 과학사학자 캐시디의 서문과 함께 녹취록에 대한 번스타인의 해석이 담겨 있다. 이 글에서는 프랭크가 편집한 책을 참고했다.

5 Frank, C., ed. 1993, *Operation Epsilon: The Farm Hall Transcripts*, University of California Press. p.71.

6 Frank, C., ed. *Operation Epsilon: The Farm Hall Transcripts*, p.71.

7 플루토늄 239를 이용한 원자폭탄의 경우에는 임계질량이 5.6kg으로 우라늄보

다 적다. 맨하탄 프로젝트에서는 총 3기의 원자폭탄을 제조했는데 그중 최초의 원폭 실험인 트리니티 테스트에 사용된 폭탄과 나가사키에 투하된 원폭이 모두 플루토늄 폭탄이었다.

8 Frank, C., ed. *Operation Epsilon: The Farm Hall Transcripts*, p.72.

9 Frank, C., ed. *Operation Epsilon: The Farm Hall Transcripts*, p.73.

10 Frank, ed. *Operation Epsilon: The Farm Hall Transcripts*, p.84.

11 Frank, C., ed. *Operation Epsilon: The Farm Hall Transcripts*, p.73.

12 Frank, C., ed. *Operation Epsilon: The Farm Hall Transcripts*, p.74.

13 Frank, C., ed. *Operation Epsilon: The Farm Hall Transcripts*, pp.75-76.

14 Goudsmit, S. A., 1946, How Germany Lost the Race, *Bulletin of the Atomic Scientists*, 1(7), pp.4 - 5.

15 로베르트 융크, 이충호 역, 2018, 《천 개의 태양보다 밝은: 우리가 몰랐던 원자 과학자들의 개인적 역사》. 다산사이언스. 핵무기 개발 과학자들과 팜홀에 같이 있었던 폰 라우에는 독일 과학자의 도덕성을 강조한 융크의 주장을 인정하지 않았다.

16 아르민 헤르만, 이필렬 역, 1997, 《하이젠베르크》, 한길사.

17 독일의 태업설이 힘을 잃게 되자 원폭 개발과 관련된 질문은 왜 독일은 성공하지 못했는가에서 어떻게 미국은 성공할 수 있었는가로 그 무게 중심이 옮겨가게 되었다. 그리고 이에 대한 답변으로 미국의 산업적 역량, 서로 다른 분야에 속한 과학자들과 엔지니어들 간의 협력, MIT의 칼 컴프턴이나 하버드대학의 코넌트 같이 정부와 과학을 효율적으로 연결하고 관리하는 데 능했던 과학 행정가의 존재가 성공의 요인으로 강조되었다. 무엇보다 원폭 개발이 순수한 과학적 연구가 아닌, 엔지니어링 프로젝트라는 점이 강조되었다.

16장 마리아 괴페르트 메이어가 첫 봉급을 받았을 때

1 서양 여성 과학자의 이름은 결혼을 하면 성이 바뀌기 때문에 어떤 이름으로 불러야 맞는지 판단하기가 쉽지 않다. 본 글에서는 결혼 전 시절의 이야기를 다룰 때는 마리아 괴페르트, 결혼 후는 마리아 메이어로 지칭하고, 결혼 전후와 상관없는 그녀의 전체 삶에 대해 다룰 때는 마리아 괴페르트 메이어로 지칭하도록 하겠다.

2 위그너는 마리아 메이어와 1963년 노벨 물리학상을 공동 수상했다. 위그너가 2분의 1, 마리아 마이어와 옌센이 각각 4분의 1씩 수상했다.

3 Mayer, M. G., 1948, On Closed Shells in Nuclei, *Physical Review* 74, pp. 235-239; 1949, On Clised Shells in Nuclei II, *Physical Review* 75, pp. 1969-1970.

참고문헌

1장

이상욱, 2014, 〈갈릴레오의 과학연구: 과학철학적 STS(과학기술학) 교육의 한 사례〉, 《과학철학》, 17(2), pp.127-151.

Biagioli, M., 1993, *Galileo, Courtier: The Practice of Science in the Culture of Absolutism*, University of Chicago Press.

Drake, S., 1978, *Galileo at Work: His Scientific Biography*, University of Chicago Press.

Galilei, G., 1632[2001], *Dialogue Concerning the Two Chief World Systems*, The Modern Library.

McMullin, E., (ed.), 2005, *The Church and Galileo*, University of Notre Dame Press.

Numbers, R, L., (ed.). 2009, *Galileo Goes to Jail and Other Myths About Science and Religion*, Harvard University Press.

Sobel, D., 2000, *Galileo's Daughter*, Fourth Estate.

2장

Harman, P., 1982, *Energy, Force and Matter: The Conceptual Development of Nineteenth-Century Physics*, Cambridge University Press.

Purrington, R, D., 1997, *Physics in the Nineteenth Century*, Rutgerts University Press.

Smith, C., 1998, *The Science of Energy: A Cultural History of Energy Physics in Victorian Britain*, University of Chicago Press.

3장

정동욱, 2010, 《패러데이&맥스웰: 공간에 펼쳐진 힘의 무대》, 김영사.

Purrington, R, D., 1997, *Physics in the Nineteenth Century*, Rutgers University Press.

4장

정동욱, 2010, 《패러데이&맥스웰: 공간에 펼쳐진 힘의 무대》, 김영사.

Hunt, B. J., 1991, *The Maxwellians*, Cornell University Press.

5장

〈특집: 막스 플랑크의 노벨 물리학상 100주년〉, 《물리학과 첨단기술》, 2018년 10월(27권 10호).

Heilbron, J.L., 2000, *The Dilemmas of an Upright Man: Max Planck and the Fortunes of German Science*, revised edition, Harvard University Press.

Kragh, H., 2000, Max Planck: the reluctant revolutionary, *Physics World*, PhysicsWorld.com.

Kuhn, T., 1978, *Black-body Theory and the Quantum Discontinuity, 1894-1912*, Oxford University Press.

Planck, M., 2010(1917), *Treatise on Thermodynamics*, 3rd revised edition, Dover.

6장

Harman, P. M., 1982, *Energy, Force, and Matter: The Conceptual Development of Nineteenth-Century Physics*, Cambridge University Press.

Jungnickel, C. & McCormmach, R., 1986, *Mastery of Nature: Theoretical Physics from Ohm to Einstein*, 2 vols. The University of Chicago Press.

7장

박민아, 2008, 《퀴리&마이트너: 마녀들의 연금술 이야기》, 김영사.

Quinn, S., 1995, *Marie Curie: A Life* , Simon & Schuster.

8장

에드윈 허블, 장헌영 역, 2014, 《성운의 왕국》, 지만지.

데이바 소벨, 양병찬 역, 2016, 《유리 우주: 별과 우주를 사랑한 하버드 천문대 여성들》, 알마.

Hentschel, K., 2002, *Mapping the Spectrum: Techniques of Visual Representation in Research and Teaching*, Oxford University. Press.

Leavitt, H. S. & Pickering, E. C., Periods of 25 Variable Stars in the Small Magellanic Cloud, *Harvard College Observatory Circular*, vol. 173, pp.1–3.

Rossiter, M. W., 1982, *Women Scientists in America: Struggles and Strategies to 1940*, Johns Hopkins University. Press.

9장

데이바 소벨, 양병찬 역, 2016,《유리 우주: 별과 우주를 사랑한 하버드 천문대 여성들》, 알마.

Hearnshaw, J. B., *The Analysis of Starlight: One Hundred and Fifty Years of Astronomical Spectroscopy*, Cambridge University Press.

Hentschel, K., 2002, *Mapping the Spectrum: Techniques of Visual Representation in Research and Teaching*, Oxford University Press.

10장

홍성욱, 2013,《과학은 얼마나》, 서울대학교 출판문화원.

Kargon, R, H., 1982, *The Rise of Robert Millikan: Portrait of a Life in American Science*, Cornell University Press.

Kevles, D., 1979, *The Physicists: The History of a Scientific Community in Modern America*, Vintage Books.

13장

박민아, 2008,《퀴리 & 마이트너: 마녀들의 연금술 이야기》, 김영사.

Rife, P., 1999, *Lise Meitner and the Dawn of the Nuclear Age*, Birkhäuser.

Sime, R. L., 1996, *Lise Meitner: A Life in Physics*, University of California Press.

14장

이상욱, 2012, 〈《부분과 전체》, 불확정적인 사유와 삶의 기록〉,《물리학과 첨단기술》, 제21권 12호, pp.39–44.

Baggot, Jim., 2011, *The Quantum Story: A History in 40 Moments*, Oxford University Press.

Cassidy, D. C., 2009, *Beyond Uncertainty: Heisenberg, Quantum Physics, and the Bomb*,

Bellevue Literary Press.

Frayn, M., 2000, *Copenhagen*, Anchor Books.

Heisenberg, W., 1969, *Der Teil und Das Ganze*, Deutscher Taschenbuch Verlag. [역서: 베르너 하이젠베르크, 유영미 역, 2016,《부분과 전체》, 서커스.]

15장

Bernstein, J., 1996, *Hitler's Uranium Club: The Secret Recordings of Farm Hall* , AIP Press

Cassidy, D., 2010, *Beyond Uncertainty: Heisenberg, Quantum Physics, and the Bomb*, Bellevue Literary Press,

Frank, C., ed. 1993, *Operation Epsilon: The Farm Hall Transcripts*, University of California Press.

Goudsmit, S.A., 1946. How Germany lost the race. *Bulletin of the Atomic Scientists*, 1(7), pp.4-5.

Goudsmit, S. A., 1947, *Alsos*, Henry Schuman.

16장

Mayer, M. G., December, 12, 1963, "The Shell Model", *Nobel Lecture*,

Sachs, R. S., 1979, Maria Goeppert Mayer, 1906-1972, A Biographical Memoir, in *Biographical Memoirs of National Academy of Sciences*, pp.309-328.

McGrayne, S. B., 2001, *Nobel Prize Women in Science: Their Lives, Struggles, and Momentous Discoveries*. Birch Lane Press.

17장

마틴 데이비스, 2005,《수학자, 컴퓨터를 만들다: 라이프니츠에서 튜링까지》, 박정일 옮김, 지식의 풍경.

앤드류 호지스, 2015,《앨런 튜링의 이미테이션 게임》, 김희주, 한지원 옮김, 동아시아.

짐 오타비아니, 릴런드 퍼비스, 2016,《앨런 튜링》, 김아림 옮김, 푸른 지식.

잭 코플랜드, 2014,《앨런 튜링》, 이재범 옮김, 지식함지.

18장

Chadarevian, S., 2002, Designs for Life: Molecular Biology after World War II,

Cambridge University Press.

Inglis, J. R., Sambrook, J. F. & Witkowski, J. A., (eds), 2003, *Inspiring Science: Jim Watson and the Age of DNA*, Cold Spring Harbor Laboratory Press.

Markel, H., 2021, *The Secret of Life: Rosalind Franklin, James Watson, Francis Crick, and the Discovery of DNA's Double Helix*, W.W.Norton.

22장

이두갑, 2013, 〈아서 콘버그의 DNA 연구와 공동체적 구조의 건설〉, 《한국과학사학회》, 제35권 제1호, pp.131-149.

Yi, Doogab, 2015, *The Recombinant University: Genetic Engineering and the Emergence of Stanford Biotechnology*, University of Chicago Press.

그림 출처

1.1 wikipedia

1.2 wikipedia

2.1 wikipedia

2.2 wikipedia

3.1 Faraday, Michael, Experimental Researches in Electricity (volume 2, plate 4)

3.2 Alexander Blaikley

4.1 shutterstock

4.2 Silva, C.C., 2007, The role of models and analogies in the electromagnetic theory: a historical case study, *Science & Education*, 16, pp.835-848.

6.1 Boltzmann, Luduwig, 1891-1893, Vorlesungen über Maxwells Theorie der Elecktricität und des Lichtes, 2 vols. Leipzig, 1:tab. II, fig. 15. 여기서는 Harman, P. M., 1982, *Energy, Force, and Matter: The Conceptual Development of Nineteenth-Century Physics* Cambridge University Press, p.150에서 재인용.

7.1 Eve Curie: Madame Curie. S. 329 [1], Public domain

8.1 Leavitt, H.S. and Pickering, E.C., 1912, Periods of 25 Variable Stars in the Small Magellanic Cloud. *Harvard College Observatory Circular*, vol. 173, pp.1-3, 173.

8.2 Harvard-Smithsonian Center for Astrophysics

9.1 https://www.lindahall.org/about/news/scientist-of-the-day/antonia-maury/

9.2 Harvard-Smithsonian Center for Astrophysics

10.1 wikipedia

10.2 Millikan, R. A.,1916, A Direct Photoelectric Determination of Planck's "h", Physical Review 7, pp.355-388 중 p.362.

254

12.1 Science Museum, London

12.2 James Lebenthal

13.1 atomicarchive.com

14.1 lindau-nobel.org

16.1 Smithsonian Institution

18.1 sciencehistory.org

19.1 blog.library.in.gov/the-polio-vaccine-in-indiana

21.1 Gregory J. Morgan and the Nobel Foundation and John Wiley & Sons

22.1 Stanford University

23.1 Washington University in St. Louis Archives

23.2 Barry Commoner

과학의 결정적 순간들
그날 이후 세계는 어제와 같지 않았다

초판 1쇄 발행 2025년 3월 17일

지은이 박민아 이두갑 이상욱
책임편집 권오현
디자인 윤철호

펴낸곳 (주)바다출판사
주소 서울시 마포구 성지1길 30 3층
전화 02-322-3675(편집) 02-322-3575(마케팅)
팩스 02-322-3858
이메일 badabooks@daum.net
홈페이지 www.badabooks.co.kr

ISBN 979-11-6689-325-4 03400

• 이 도서는 한국과학기술원 부설 고등과학원이 발행하는 과학전문 웹진
  HORIZON(horizon.kias.re.kr)에 연재했던 글을 재구성한 것입니다.